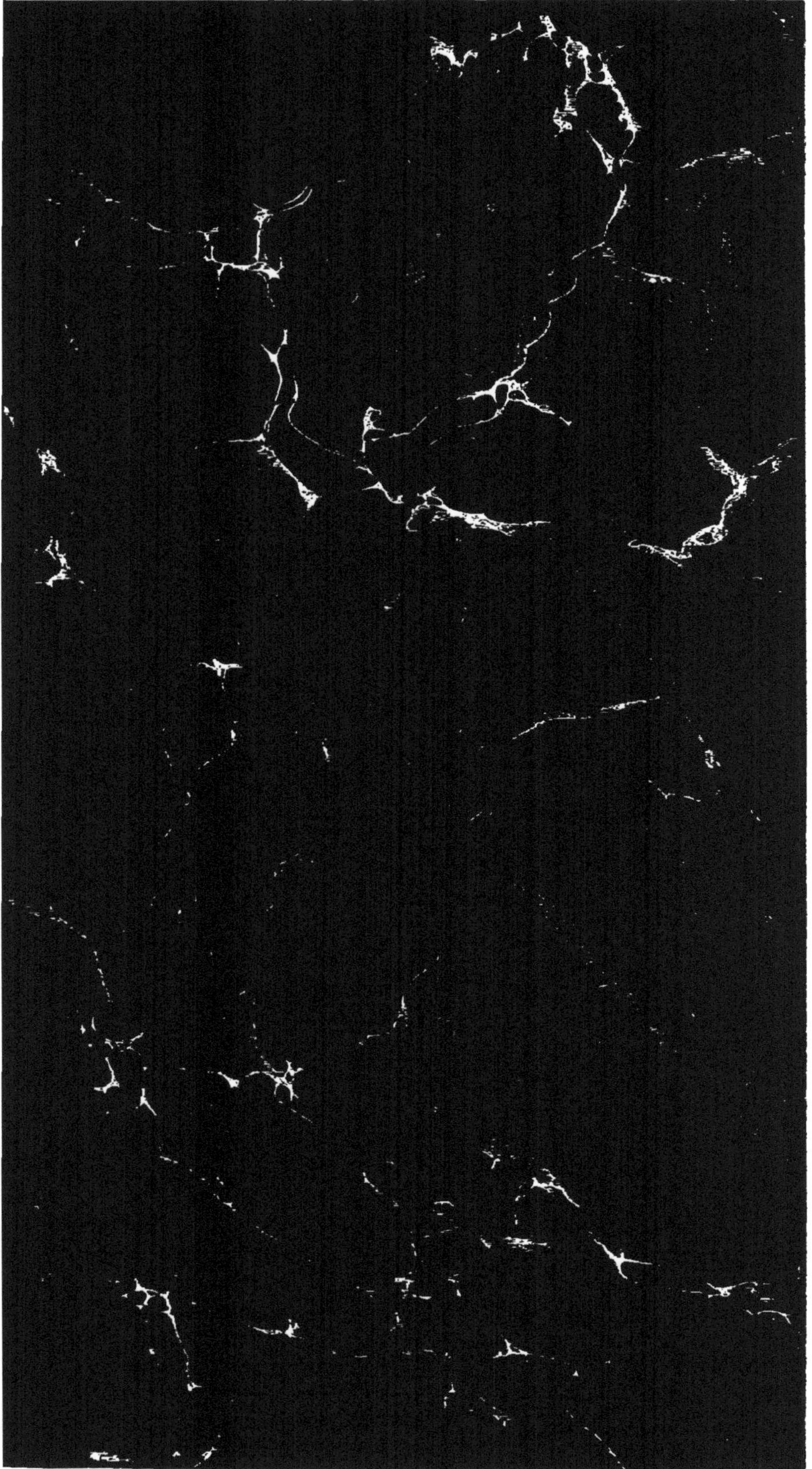

RÉSUMÉ

DE FORTIFICATION.

IMPRIMERIE DE COSSE ET J. DUMAINE,
R. CHRISTINE, 2.

RÉSUMÉ

DE

FORTIFICATION

A L'USAGE

DES OFFICIERS D'INFANTERIE,

Par J. ZACCONE,

CAPITAINE D'INFANTERIE, RÉPÉTITEUR DU COURS DE FORTIFICATION
A L'ÉCOLE MILITAIRE DE SAINT-CYR;

AVEC ATLAS.

PARIS.

LIBRAIRIE MILITAIRE DE J. DUMAINE,

(Ancienne Maison Anselin),

RUE ET PASSAGE DAUPHINE, 36.

1849.

RÉSUMÉ

DE FORTIFICATION.

PREMIÈRE PARTIE.

Fortification passagère.

1. La fortication est l'art d'élever des retranche-ments. Son but principal est en général de mettre une faible troupe en état de résister à des forces supé-rieures.

On profite à cet effet de tous les obstacles que la nature présente et l'on en crée aussi d'artificiels.

Les obstacles *naturels* sont les *ruisseaux*, les *ri-vières*, les *étangs*, les *marais*, les *escarpements*, les *ravins*, les *haies*, les *bois*, etc. Les obstacles *artifi-ciels* sont ceux que l'homme peut créer en tirant parti des matériaux qui sont à sa portée.

2. Le premier obstacle à présenter à l'ennemi est un fossé de manière à arrêter sa marche; et, pour que le défenseur soit à l'abri des projectiles de l'assaillant, on élève une *masse couvrante* avec les terres prove-nant du déblai. Cette masse couvrante a dû primiti-vement se développer parallèlement à la position que l'on occupait et affecter la forme *fig.* 1, de sorte qu'il fût toujours possible de se servir de ses armes pour lancer des projectiles sur les assaillants. Il fut bientôt modifié pour prendre la forme *fig.* 2. Cette figure représente le *profil* d'un retranchement établi sur un terrain horizontal; il provient de la section de ce retranchement par un plan vertical perpendiculaire à la direction de la masse couvrante.

3. Les différents plans qui composent un ouvrage aujourd'hui, sont :

ab le talus de la banquette;
bc la banquette qui reçoit les défenseurs;
cd le talus intérieur du parapet;
do la hauteur d'appui;
dmne le parapet;
de la plongée;
d la ligne de feu;
ef le talus extérieur du parapet;
fg la berme;
gh l'escarpe;
hi le fond du fossé;
ij la contrescarpe;
ph la profondeur du fossé;
dm le commandement de l'ouvrage;
dk le relief.

4. Le talus de la banquette *ab* est incliné à $\frac{2}{1}$ (deux de base pour un de hauteur) pour que les soldats puissent le gravir facilement en se rendant sur la banquette.

La banquette a $0^m,70$ de largeur pour un rang

d'hommes, 1^m^,20 pour deux rangs; et comme le feu de deux rangs est le seul possible derrière un parapet, et le seul qui convienne à la défense des ouvrages, attendu que le premier rang ne peut pas mettre le genou à terre, il s'ensuit que lorsqu'on voudra avoir trois rangs, le troisième se placera sur le talus de la banquette pour ne pas s'exposer inutilement; et il concourra à la défense en chargeant les armes du second rang, et en enlevant et remplaçant les blessés ou les tués. La hauteur de la ligne de feu au-dessus de la banquette, dite : *hauteur d'appui*, est de 1^m^,30, pour que les hommes de taille moyenne puissent faire feu par-dessus le parapet.

Le sol naturel T, situé intérieurement se nomme le *terre-plein* de l'ouvrage.

Le talus intérieur *cd*, est incliné à $\frac{1}{3}$ (un de base pour trois de hauteur) pour permettre aux hommes de s'approcher du parapet afin de découvrir le terrain environnant, et les abords de la contrescarpe. C'est encore dans cette intention que la plongée est ordinairement inclinée à $\frac{6}{1}$ et même à $\frac{5}{1}$; et l'on considère ces conditions comme remplies lorsque le prolongement du plan de la plongée ne passe pas à plus d'un mètre au-dessus du sommet de la contrescarpe *j*.

Le talus extérieur étant exposé au choc des projectiles de l'assaillant, recevra toujours une inclinaison qui dépendra de la nature des terres, par exemple :

$\frac{1}{1}$ pour les terres fortes.

$\frac{1}{3}$ pour les terres légères.

1.

On comprendra facilement que si ces talus étaient plus roides, l'éboulement produit par le choc des projectiles entraînerait une partie des terres dans le fossé et pourrait diminuer l'épaisseur du parapet au point de compromettre la sûreté des défenseurs.

La berme *fg* est un espace qu'on ménage entre la masse couvrante et le fossé pour permettre aux hommes de relever les terres éboulées, et pour éloigner de 'escarpe le poids de la masse couvrante. On lui donne $0^m,50$ dans les terres fortes et quand on veut la conserver, et $1^m,00$ dans les terres légères, ou quand on a l'intention de la supprimer après la construction de l'ouvrage. Cette opération se fait en prolongeant le talus extérieur et en coupant les terres comprises dans le triangle *fgv*. On détruit ainsi le défaut qu'on attribue à la berme de faciliter l'escalade des retranchements, en divisant en deux la hauteur du relief, et en offrant un lieu de réunion où les hommes s'attendent pour franchir ensemble le talus extérieur.

5. Les dimensions du fossé sont calculées de manière que les terres qui en sont déblayées fournissent au remblai de l'ouvrage. Dans le calcul, il faut tenir compte de l'accroissement de volume que prennent les terres remuées, et qu'on appelle *foisonnement*. Il varie de $\frac{1}{8}$ à $\frac{1}{12}$, nous le prendrons au $\frac{1}{10}$. En conséquence, la surface du fossé, augmentée de $\frac{1}{10}$, égalera la surface *abcdef*.

En nommant S cette dernière surface, *p* la profondeur du fossé qu'on suppose donnée, *z y* la largeur moyenne qu'on cherche à déterminer on aura l'équation.

$$S = p \times zy + \frac{p \times zy}{10}$$

$$10\,S = 11\,p \times zy$$

$$\frac{10\,S}{11\,p} = zy$$

La largeur moyenne étant connue, on obtient la largeur supérieure en ajoutant à zy, la moitié de la base du talus d'escarpe, et la moitié de la base du talus de contrescarpe.

$$gj = yz + \frac{rh + ix}{2}$$

La largeur inférieure sera égale à la largeur moyenne, diminuée de la moitié des bases des talus d'escarpe et de contrescarpe.

$$gj = yz - \frac{rh + ix}{2}$$

Le talus d'escarpe est à $\frac{2}{3}$ ou $\frac{1}{2}$, suivant la consistance des terres, et celui de contrescarpe à $\frac{1}{2}$ ou $\frac{1}{3}$.

Calcul d'un profil pour la mousqueterie (*fig.* 3).

6. Avant de commencer le calcul du déblai au remblai, il faut coter le profil.

La hauteur de la ligne de feu $= 2^m,50$.

La plongée étant inclinée à $\frac{6}{1}$, la hauteur $fr =$ le sixième de rk. Or, dans ce profil, $rk = 0^m,70$, épaisseur de parapet suffisante pour résister aux balles d'infanterie ; donc, $fr =$ le sixième de $0^m,70 = 0^m,116$.

Mais $km = fg - fr = 2^m,50 - 0^m,116 = 2^m,38$ à 4 millièmes près.

Le talus extérieur étant incliné à $\frac{1}{1}$, la base sera de $2^m,38$.

La hauteur de la banquette égale la hauteur de la ligne de feu, moins la hauteur d'appui $= 2^m,50 - 1^m,30 = 1^m,20$. La base de son talus étant égale à deux fois sa hauteur, sera de $2^m,40$.

Le profil de la masse couvrante étant coté, il est aisé d'en calculer la surface.

$$\begin{aligned}
\text{Surface } mnop &= 2^m,88 \\
opgf &= 0^m,79 \\
fgmk &= 1^m,71 \\
kmn &= 2^m,83 \\
\hline
\text{Total.} \ . \ . &= 8^m,21
\end{aligned}$$

Dans la formule ci-dessus, art. 5, on a pour largeur moyenne

$$zy = \frac{10}{11} \frac{S}{p}$$

C'est-à-dire égale 10 fois la surface du parapet, divisée par 11 fois la profondeur, lorsque le foisonnement est au dixième. Effectuant les calculs, en donnant 2^m de profondeur pour le fossé de ce faible retranchement, nous avons :

$$\frac{82^m,10}{22} = 3^m,73$$

La base du talus d'escarpe au $\frac{2}{3} = 1^m,33$.
Celle du talus de contrescarpe au $\frac{1}{3} = 1^m,00$.
Mais la largeur supérieure du fossé est égale à la

largeur moyenne, augmentée de la moitié de la somme des bases des deux talus d'escarpe et de contrescarpe. Donc :

$$tr = 3^m,73 + \frac{1^m,33+1^m,00}{2} = 3^m,73 + 1^m,16 = 4^m,89.$$

Pour la base inférieure, on a :

$$vz = 3^m,73 - \frac{1^m,33+1^m,00}{2} = 3^m,73 - 1^m,16 = 2^m,57.$$

7. Si, par des considérations quelconques, on tenait à avoir une profondeur de 3 mètres, *fig.* 4, on arriverait, par des calculs semblables, à une largeur moyenne de $2^m,50$, une largeur supérieure de $4^m,25$, et 0.75 pour le fond du fossé.

Dans des profils aussi faibles, on supprime ordinairement la berme pour présenter plus de difficultés à l'escalade, il faut avoir soin alors de donner $1^m,00$ de berme, surtout dans les terres légères, afin que le poids de la masse couvrante n'écrase pas le talus d'escarpe, qui, dans sa chute, entraînerait infailliblement le parapet.

8. Il arrive ordinairement dans ces profils, *fig.* 7, que le prolongement du plan de feu passe à plus d'un mètre au-dessus du sommet de la contrescarpe, il est utile alors de relever le terrain, au moyen de terres établies en *glacis bc* et soutenues, du côté du fossé, par un talus à $\frac{1}{1}$, passant par le sommet de la contrescarpe. Il faut que la crête *b* du *glacis* ne soit pas plus élevée que la banquette, pour que les assaillants ne puissent pas plonger dans l'ouvrage ; et que le pied *c* du *glacis* soit vu de la ligne de feu.

cart.

9. Dans des circonstances particulières, la hauteur de la ligne de feu peut être réduite à $2^m,30$.

10. La figure 5 représente le profil d'un ouvrage capable de résister aux pièces de 8. Il a deux mètres de parapet. Le profil *fig.* 6 convient aux ouvrages qui doivent résister aux pièces de 12, qui est le canon de réserve.

11. A l'inspection des figures 2, 3, 4, 5, 6 et 7, on remarque que le fossé d'un retranchement en ligne droite ne peut jamais être vu des hommes placés sur la banquette, et qu'il est sans défense. C'est pour obvier à ce grave inconvénient, qu'on brise la ligne droite pour avoir des angles saillants et rentrants, de manière à obtenir une défense réciproque.

On entend, par *angle saillant*, celui dont le sommet est tourné vers l'ennemi ; par *angle rentrant*, celui dont le sommet est du côté des défenseurs ; et par *capitale*, la droite qui divise un angle saillant en deux parties égales. Les deux droites *ab*, *bc*, *fig.* 8, qui forment l'angle saillant *abc* sont les *faces* de cet ouvrage, et la distance *ac* qui sépare l'extrémité de ces faces en est la *gorge*.

On admet, généralement, que les coups de feu partent perpendiculairement à la projection horizontale de la ligne de feu. De sorte qu'un angle saillant *abc*, dont les feux sont dirigés suivant *bm*, *bs*, ne défend pas le terrain en avant de son sommet. Cet espace *sbm*, privé de feux, est dit : *secteur sans feux*. Il est d'autant plus grand que l'angle saillant est petit : ces deux angles étant supplémentaires.

On comprend cependant, que si au point *c* on élève un retranchement *cd*, les feux partis de ce parapet porteront dans le *secteur sans feux*, pourvu que la face *bc* ne dépasse pas la portée des armes, 200 mètres. Il faudra aussi avoir égard à l'ouverture de l'angle *bcd*, car, s'il était moindre de 90°, les faces s'entrebattraient, et, s'il avait plus de 120°, les hommes du parapet *cd* ne pourraient pas défendre le saillant *b*; car l'expérience a démontré que ce n'est qu'avec beaucoup de peine et d'attention, qu'on obtient dans les feux une obliquité de 30°, par rapport à la perpendiculaire à la projection horizontale de la ligne de feu. Si l'angle *bcd* varie entre 90° et 120°, *cd* enfilera le fossé de la face *bc*, et prendra en flanc les assaillants de cette face. On obtiendra de cette manière un bon *flanquement*.

Mais de ce que le *flanquement* a lieu dans de bonnes conditions, il ne s'ensuit pas que le fossé soit complétement vu par la partie *cd*. On peut s'en convaincre par le profil *fig.* 9, provenant du plan *zx*, mené parallèlement à la face *bc*, dont la plongée prolongée laisse une partie du fossé au-dessous d'elle. Cet espace, privé de feux, se nomme *angle mort*, il est commun aux fossés de ces angles rentrants.

Cependant l'homme qui a franchi le point *o* en marchant vers *k*, n'est à l'abri des feux de l'ouvrage que lorsqu'il a passé sous le plan de feu. La distance qu'on est obligé de parcourir de *o* en *h* dépend de la hauteur de l'homme, de l'inclinaison de la plongée et de l'obliquité du coup de fusil, par rapport à la droite *cd* : obliquité qui dépend de l'ouverture de l'angle.

Si l'angle était droit, les deux droites *zt*, *zx* se confondraient, et la longueur *zx* serait égale à la projection horizontale de la ligne de plus grande pente du plan de la plongée. Cette longueur sera aussi le *minimum* de la face *bc* (A).

Ouvrages ouverts à la gorge.

12. Les petits ouvrages dont on fait usage en campagne, sont : le *redan*, la *lunette*, la *tenaille*, la *queue d'aronde*.

13. REDAN, *fig.* 10. Le *redan* est un ouvrage composé de deux faces formant un angle saillant. Le *minimum* de son ouverture est de 60°; au-dessous de cette graduation, le terre-plein serait trop resserré, le secteur sans feux trop grand, et l'arête saillante, intersection des deux faces, trop faible. L'angle saillant du redan varie donc entre 60° et 180°.

C'est un mauvais ouvrage dont les fossés sont sans défense, et le secteur sans feu très grand. Employé isolément, il est facile de l'emporter par la *gorge*.

Le redan est utile pour couvrir une grand'-garde,

(A) En supposant 2^m,50 de hauteur de parapet, 3^m de profondeur de fossé, ce qui donne 5^m,50 pour la hauteur de la ligne de feu au-dessus du fond du fossé; et une plongée à $\frac{1}{6}$; la trace du coup de feu *zx* est située à six fois 5^m,50, ou à 33^m de la ligne de feu. Cette dimension sera le *minimum* de la face *bc*, qu'on pourra réduire à 30^m, en admettant comme bonne toute défense qui agit à 0^m,50 au-dessus du fond d'un fossé.

une avenue, un petit pont, une porte, etc.; dans ces derniers exemples, il est souvent facile de le flanquer des maisons avoisinantes, avantages qu'il ne faut jamais dédaigner.

14. LUNETTE, *fig*. 11. La *lunette* est un ouvrage composé de deux faces *bc*, *cd*, et de deux flancs *ab*, *de*. Les défauts de la lunette sont les mêmes que ceux du redan, elle a l'avantage sur ce dernier de mieux défendre les abords de sa gorge, au moyen de ses flancs qu'on a soin d'établir perpendiculairement à la direction dans laquelle on veut porter des feux.

On s'en sert pour couvrir un pont, une barrière, l'entrée d'un village, d'un château, en ayant soin que ses fossés soient flanqués.

15. TENAILLE, *fig*. 12. La *tenaille* est un ouvrage composé de deux faces formant un angle *rentrant*, dont l'ouverture ne doit pas avoir plus de 120°, pour satisfaire aux conditions du flanquement. On l'emploie lorsqu'on peut appuyer ses faces à des obstacles dont on est maître. Le fossé de la tenaille a un *angle mort* au point A.

16. QUEUE D'ARONDE, *fig*. 13. La *queue d'aronde* est une grande tenaille à laquelle on a ajouté deux grands flancs. Elle est employée comme la lunette à couvrir différentes issues. Cependant, la lunette lui est préférable, son fossé pouvant être flanqué et ne présentant pas un *angle mort*, comme celui de la tenaille (B).

(B) L'extrémité d'un ouvrage est terminée par un *profil en*

17. Les dimensions fixées au plan pour chacun de ces ouvrages sont les plus usitées ; on en élève cependant de moindres et de plus grands.

talus plus ou moins incliné, suivant la nature des terres. Pour le construire, il faut se rappeler que les dimensions des unités graphiques de l'échelle de pente d'un plan, dépendent de l'inclinaison de ce plan, qu'elles sont six fois plus grandes que les unités de l'échelle pour un plan à $\frac{6}{1}$; quatre fois plus grandes pour un plan à $\frac{4}{1}$; la moitié pour un plan à $\frac{1}{2}$; le tiers pour un à $\frac{1}{3}$; égales pour un à $\frac{1}{1}$.

D'après cela, si l'on veut construire au point *a* (*fig.* 8) un *profil en talus* à $\frac{1}{2}$, on décrira de ce point, avec un rayon égal à la moitié de la cote de ce point, un arc de cercle, et la tangente *mn* à ce cercle, perpendiculaire à la projection horizontale de la ligne de feu, sera la trace du plan cherché. En un point *e* de cette trace, on construit l'échelle de pente du plan à $\frac{1}{2}$, passant par *mn*, et on la cote en portant de *e* en *g* des dimensions égales à la moitié des valeurs réelles de l'échelle du dessin.

Il reste maintenant à construire l'intersection d'un plan avec des horizontales cotées.

La ligne de feu étant à la cote $2^m,50$, on mène une horizontale par le point de l'échelle qui porte cette cote, et son intersection avec la ligne de feu sera un point du profil. Si la crête extérieure est cotée 2^m, on mènera une horizontale par le point de l'échelle coté 2, et son intersection avec la droite *iv* donnera au profil la crête extérieure du parapet ; en réunissant *ia* par une droite, on aura la plongée. En joignant le point *i* au point *r*, intersection de la trace du talus extérieur avec la trace *m n* du profil, on obtiendra le talus extérieur du profil en talus. Ainsi de suite pour la banquette, son talus et le talus extérieur du parap et.

18. Ces retranchements employés isolément ne sont pas d'une grande ressource ; ils sont toujours enlevés par la gorge, à moins qu'ils ne soient appuyés à des ruisseaux, à des marais, des châteaux, des fermes, des villages ; ou qu'ils ne soient établis sur des positions à portée des troupes qui doivent les soutenir.

C'est dans ces dernières conditions qu'étaient disposés les ouvrages élevés par les Russes sur le front de leur position à la bataille de la Moskowa (1). Ils consistaient en *redans* et *lunettes* d'une grande dimension. Une lunette particulièrement, située entre Séménowskoë et Borodino, mais plus près de ce dernier village, et qu'on a improprement qualifiée de redoute, est une preuve de ce que nous avançons. Attaquée par la division Morand, la 1re brigade pénètre dans la lunette, mais elle ne peut s'y maintenir, parce qu'il lui manque le concours de la deuxième brigade, arrêtée dans sa marche par une attaque de flanc ; cette division est ramenée par les Russes qui, postés en arrière, soutenaient cet ouvrage.

Une deuxième attaque est ordonnée ; les divisions Morand, Gérard et Broussier se portent en avant. Pour favoriser cette attaque, Caulaincourt, à la tête du deuxième corps de cavalerie (cuirassiers), placé à la droite de ces troupes, pousse en avant, entre la lu-

---

(1) Livrée le 7 septembre 1812, entre les Français, sous les ordres de l'empereur Napoléon, et les Russes, commandés par Kutusof. Voir l'atlas de Jomini, et la campagne de Russie par Chambray. (Librairie militaire de J. Dumaine.)

nette et Séménowskoë, renverse la première ligne des Russes, culbute les troupes placées derrière cet ouvrage pour le soutenir, pénètre dans cette lunette par la gorge et meurt frappé d'une balle, au moment où la division Morand franchissait le parapet.

Lignes continues.

19. On entend par *lignes continues*, des ouvrages qui se développent sur une position sans solutions de continuité, autres que celles nécessaires à la circulation.

Il y en a de plusieurs espèces. Leur nom dépend des parties élémentaires qui les composent. Les principales sont les *lignes à redans*, les *lignes à crémaillères* et les *lignes bastionnées*.

Lignes à redans.

20. Nous avons vu, art. 13, qu'un redan est un ouvrage composé de deux faces, dont la longueur varie ordinairement de 40 à 60^m quand il est isolé. Dans les *lignes*, on emploie des redans déterminés de grandeur par les dimensions de la capitale et de la demi-gorge.

On distingue le *grand* et le *petit* redan. Le *grand redan*, *fig.* 15, a 55^m de capitale, et 40^m de demi-gorge; le petit, 44^m de capitale et 30^m de demi-gorge.

Pour construire une ligne à *grands* redans, on divisera la ligne VT en parties égales, suivant l'écartement arrêté pour les redans, aux points de divisiou on élèvera des perpendiculaires Bb, Ee, Qq de 55^m; et prenant à droite et à gauche des distances aB, Bc; dE, Ef, etc.; de 40^m, on aura le tracé des redans en menant les droites ba, bc; ed, ef, qp, qr. Pour achever la ligne continue, on réunit les points c, d, et f, p, par deux droites qu'on nomme *courtines*.

Il y aura un *maximum d'écartement* et un *minimum*.

Il importe de régler l'écartement *maximum* des redans, de telle sorte qu'ils puissent se flanquer. La disposition sera bonne, *fig.* 14, si les feux partis des saillants des redans voisins h, n, se croisent sur la capitale du redan intermédiaire. Or, en évaluant à 240^m, la bonne portée du fusil d'infanterie tirant sur des colonnes, il sera facile de calculer la distance hk (1).

Quant au *minimum d'écartement*, il doit être tel que les ouvrages ne se gênent pas réciproquement; c'est-à-dire que les feux d'un redan ne soient pas interceptés par la masse couvrante du redan voisin. En conséquence, si du point i, on mène le dernier coup de feu perpendulaire à la face hi, ce coup de feu devra raser le pied du *talus extérieur* du redan voisin. On obtiendra donc la position du redan voisin, en menant la droite xy par le point b (intersection du pied

---

(1) Après avoir construit sur le dessin le redan ghi (*fig.* 14), on élève au saillant une perpendiculaire hc, à laquelle on donne 240^m, et du point c, abaissant une perpendiculaire sur gi prolongée, on a la capitale du redan voisin.

des talus extérieurs); son intersection *z* avec le coup de feu *ir* sera le pied du talus extérieur du redan voisin, abaissant la perpendiculaire *zt*, il sera facile de construire le redan *a'aa''*.

L'écartement minimum des *petits redans* de 44^m de capitale sur 30^m de demi-gorge est de 126^m. 66^m pour la courtine, et 60^m pour la somme des deux demi-gorges.

Le maximum est de 200^m.

On cherchera de la même manière l'écartement maximum et minimum d'une ligne continue à *grands redans*. Si l'angle saillant des grands redans était le même que celui des petits, l'écartement maximum serait le même, le minimum seul varierait.

On verra, *fig.* 15, que l'écartement maximum des grands redans de 55^m sur 40^m est de 194^m; le minimum de 130^m.

On pourrait aussi construire des lignes avec des redans de forme équilatérale, dont les faces auraient de 60^m à 80^m, *fig.* 16 et 17. Les angles saillants seraient de 60° et les angles rentrants de 120°. Ils répondraient parfaitement aux bonnes conditions de flanquement.

Pour les redans équilatéraux à 60^m de gorge, on a approximativement 210^m environ pour le maximum, et 136^m pour le minimum. Et pour les grands redans équilatéraux à 80^m de gorge, on a 210^m d'écartement maximum, comme pour les petits redans équilatéraux, puisque les angles saillants sont égaux. Le mimimum est de 180^m.

Nos dimensions maximum sont toutes calculées en supposant que le dernier coup de feu d'un redan rase le pied du talus extérieur au sommet du redan voisin. Pour éviter les accidents, il serait même plus prudent que le coup de feu passât tangentiellement à la contrescarpe.

21. Les lignes à redans ont des *angles morts* aux rentrants g, i, j, l, m, o, etc. Cependant il faut remarquer que si TT représente la trace de la plongée de la face kj, toute la partie du fossé au delà, comprise entre cette trace et le rentrant i sera vue et défendue par le redan jkl; de même, si T'T' représente la trace de la plongée de la face hi, toute la partie du fossé au delà, comprise entre cette trace et le rentrant, sera vue de la face hi. De plus, si l'intersection I de ces deux traces se trouve dans le fossé, ce cas particulier donnera le minimum de la longueur de la courtine; et comme les plongées d'un ouvrage de $5^m,50$ de relief au-dessus du fond du fossé ne défendent ce fossé qu'à 33^m (*voir* la note **A**), la courtine ne doit donc jamais avoir moins de 66^m. C'est encore une considération qu'il ne faut pas oublier dans la détermination de l'écartement minimum des redans; elle varie, du reste, avec le relief de l'ouvrage.

22. Courtine reculée. — Lorsqu'un accident de terrain ne permet pas d'établir la courtine sur la position lm donnée par la construction, on la recule en RR', de manière que le coup de fusil RS rase le pied du talus extérieur du redan voisin. On obtient le point

R en abaissant du point P une perpendiculaire sur *kl* prolongée.

23. PASSAGES, *fig.* 18 et 19. Pour ne pas interrompre la circulation et pour faciliter la sortie des reconnaissances, on laisse sur le milieu des courtines, des ouvertures de 2 à 4^m de largeur; et pour masquer l'intérieur des lignes qu'on pourrait découvrir par cette trouée, on élève en arrière une *traverse* en terre, de manière qu'il y ait 3 à 4^m de passage entre son talus extérieur PP et le talus des banquettes *o'o*. La longueur de cette traverse doit intercepter tous les coups de feu tirés de la campagne et qui pénètreraient par ce passage. En supposant tous ces coups de fusil situés dans un plan horizontal à 1^m,50 au-dessus du sol, les intersections de ce plan avec les *profils en talus* de l'entrée seront deux horizontales K'z', Kz et les coups de feu tirés le plus obliquement dans ce passage seront les droites FZ, TZ'; leur intersection avec la droite IA, cotée 1^m,50 dans le talus extérieur, donnera la longueur de la traverse. On ajoute 0^m,50 de plus de chaque côté pour mieux protéger l'intérieur de l'ouvrage. L'obliquité des droites FZ, TZ' dépend de la largeur du passage, de l'inclinaison de ses talus et de l'épaisseur du parapet; il peut donc arriver que la longueur de la traverse déterminée comme ci-dessus gêne l'intérieur; ou que, par toute autre considération, on désire en diminuer la longueur; il faudra alors augmenter artificiellement l'épaisseur du parapet, comme l'indique M. le colonel Emy, au moyen de deux petites traverses de 1^m d'épaisseur, *fig.* 19, établies à droite et à gauche de l'entrée et perpendiculairement au parapet ; elles seront soutenues par des plans inclinés dont les intersections entre eux et avec la masse couvrante seront faciles à déduire par les cotes.

Le plan qui contient les coups de fusil pourrait avoir toute autre cote que $1^m,50$, et passer au maximum d'élévation par la crête extérieure du retranchement. C'est ce qu'indique la figure 19.

24. Ponts. Pour franchir le fossé on peut ne pas le déblayer, *fig.* 19, mais il vaut mieux enlever les terres et se servir d'un petit *pont en bois*, *fig.* 18, formé de trois poutrelles de $0^m,25$ d'équarrissage, posées dans le sens de la largeur du fossé et s'appuyant de $0^m,25$ à chaque extrémité ; le *tablier* du pont est composé de *madriers* de $0^m,05$ d'épaisseur, de $0^m,30$ à $0^m,33$ de largeur, et d'une longueur égale à la largeur qu'on veut donner au pont.

Les figures 20 et 21 représentent ces différents détails.

Lignes à crémaillères (*fig.* 22).

25. La ligne à *crémaillères* se compose de redans contigus à faces inégales. Les droites, *hb, ic, jd,* etc., sont les faces ou les *grandes branches* ; et les droites *ah, bi, cj,* etc., les *crochets.*

26. Pour les construire on donne l'écartement *a g,* des deux droites qui les renferment ; prenant pour *ab, bc, cd, dd'''*, des dimensions égales à trois fois *ag,* on a les fronts partiels. Menant les diagonales

gb, $g'c$, $g''d$, et leur abaissant des perpendiculaires ah, bi, cj, on a, en suivant $ahbicjd$, le développement de la ligne de feu de la crémaillère. Par la direction des faces on voit que ces lignes donnent plus de feux dans un sens que dans un autre, c'est aussi dans cette intention qu'on les a créées. Quand on veut obtenir des feux dans le sens contraire, on mène les diagonales dm, $d'''d'$, ed'', et les crochets $d'''x$, ek, fk', se déduisent comme ci-dessus. Si à partir du point d'', les diagonales reprennent leur direction primitive, le grand angle $ed''o$ est couvert par un petit redan que l'on construit sur fd'' pour capitale, en ayant soin de lui donner $60°$ au moins; ce qui n'arriverait pas si du point f on abaissait une perpendiculaire sur chacune des diagonales ed'', $d''o$.

27. Le maximum de l'écartement des angles saillants, *fig.* 23, est de 120^m; il est déterminé par la condition de permettre aux feux du crochet Fa, d'atteindre le secteur sans feux du deuxième saillant D que le crochet BC, bat complétement.

Le minimum est donné par le minimum de la longueur du crochet dont le fossé, au saillant, doit être vu des défenseurs de la face placés dans le prolongement de ce fossé. On donne ordinairement 30 mètres de hauteur à ag, et 90 mètres à ab; dans ces lignes, les feux du crochet ah, coupent la capitale du deuxième saillant.

28. On emploie ces lignes dans des terrains étroits, dans des défilés, au bord des rivières, pour donner plus de feux dans une direction que dans une autre.

Ce sont de mauvaises lignes qui ont autant d'angles *morts* que d'angles rentrants ; beaucoup trop d'angles saillants, ce qui multiplie les points d'attaque ; les angles rentrants sont du reste trop peu prononcés.

29. Les angles saillants sont très utiles en fortification, en ce qu'ils sont des points d'attaque connus d'avance et dont on organise la défense en conséquence ; il faut éviter cependant de les trop multiplier dans la crainte d'affaiblir la ligne.

Passages. Les passages s'établissent sur les grandes faces et dans les rentrants qui sont toujours les points forts. Le pont doit déboucher à 5 ou 6 mètres de l'angle rentrant des *contrescarpes.* Se conformer pour les détails, à ce qui a été dit plus haut.

Lignes bastionnées (*fig.* 24).

30. On suppose que la ligne *bastionnée* se développe sur une ligne droite A A'. On divise cette droite en parties égales aa', $a'a''$, $a''a'''$, et sur chaque fraction on construit un *front bastionné* de la manière suivante :

Sur le milieu de aa' on élève une *perpendiculaire* Po égale à $\frac{1}{8}$ du *côté extérieur* aa' (1), on mène les

---

(1) La perpendiculaire varie entre $\frac{1}{6}$ et $\frac{1}{8}$. On la prend au $\frac{1}{8}$ parce qu'on obtient un développement moindre qu'avec la perpendiculaire au $\frac{1}{6}$ ou $\frac{1}{7}$, tout en conservant les avantages du système bastionné.

droites ao, $a'o$ qu'on prolonge, on porte de a en b, et de a' en e, une longueur égale au *tiers* du côté aa', et du point b on abaisse une perpendiculaire sur $a'o$ prolongée ; on en fait autant du point e sur ad. Joignant cd on a en $abcdea'$ le développement de la ligne de feu d'un *front bastionné*. En répétant la même opération sur chaque côté extérieur $a'a''$, $a''a'''$. etc., on aura une *ligne bastionnée*.

31. Déterminons les noms des angles et des droites qui composent un *front bastionné*.

aa', le côté extérieur ;
Po, la perpendiculaire du front ;
ab, $a'e$, les faces ;
bc, ed, les flancs ;
cd, la courtine ;
ad, $a'c$, les lignes de défense ;
$a'ao$, $aa'o$, les angles diminués ;
aoa', l'angle de tenaille ;
abc, $a'ed$, les angles d'épaule ;
bca', eda, les angles de défense ;
bcd, edc, les angles flanquants.

Dans la ligne bastionnée, on appelle *bastion* l'ouvrage $dea'b'c$. L'espace dc' est la gorge du bastion ; l'angle $ea'b'$ en est l'angle saillant ou flanqué, et la droite Ca' la capitale.

32. En projection horizontale, les différentes parties d'un front paraissent se flanquer parfaitement. Les faces battent le terrain en avant, la courtine de même ; les flancs $b'c'$, ed' défendent les fossés des

faces et voient le fossé de la courtine, pourvu que sa longueur ait au moins le minimum reconnu nécessaire à une courtine pour que son fossé soit vu. Art. 21.

33. Le fossé se développant parallèlement à la ligne de feu, laisse devant la courtine une masse de terre TRBD, qui masque une partie du fossé des faces aux défenseurs placés sur les flancs, *fig.* 25. La figure 26 représente le profil donné par le plan FV. Il fait voir que le coup de feu parti du point F′, et rasant le sommet T′ de la contrescarpe, laisse une partie du fossé V′L sans défense. Cet angle mort serait détruit, s'il était possible de voir à $0^m,50$ au-dessus du fond du fossé, près du pied de la contrescarpe TR. Si l'on prend dans la contrescarpe du flanc un point L à $0^m,50$ au-dessus du fond du fossé et si on le joint à F′, la droite LK′ laissera au-dessus d'elle la partie du terrain à enlever pour rendre le flanquement possible. On en fera autant pour l'autre flanc. La masse de terre restante aura la forme de deux rampes Lz, zL′. Voir la construction géométrique à la note (D).

La figure 27 indique une manière d'opérer, et la figure 28 une autre.

34. Les angles morts étant supprimés, le flanquement de ces lignes est parfait; d'autant plus que le secteur sans feux est détruit, non-seulement par l'action des flancs, mais par les faces dont les feux peu-

---

(D) *Fig.* 27. On prend une droite ri, située dans la contrescarpe du flanc à $0^m,50$ au-dessus du fond du fossé. Par cette droite et le point E, on fait passer un plan. La ligne de plus

vent facilement obliquer de 14° (*fig.* 24), pour être parallèles à la capitale.

35. Le côté extérieur *aa'* a un *maximum* et un *minimum* de longueur. Le *maximum* est basé sur la portée du fusil d'infanterie dont le but en blanc est de 200ᵐ. En conséquence, comme la défense des fossés des faces est confiée aux flancs opposés, la *ligne de défense nb* (*fig.* 25), ne devra jamais dépasser cette dimension, afin d'éviter les accidents qui pourraient en résulter, pour les hommes de la face *qb*, vu le peu d'inclinaison des coups de fusil partis d'un flanc de 5ᵐ,50 seulement de relief, et devant frapper à six ou huit mètres du saillant *b* suivant le relief et l'épaisseur du parapet. Le *maximum* de la ligne de défense étant de 200ᵐ, comme la ligne *nb* est sensiblement égal aux

---

grande pente P est facile à déterminer. La droite 3 T est l'intersection du sol et du plan, cette trace cotée 3 rencontre l'horizontale de la contrescarpe de la courtine au point *v*, et comme l'horizontale 0ᵐ,50 du plan P rencontre cette même contrescarpe au point *i*, la droite *iv* sera l'intersection du plan et de cette contrescarpe. Le sommet de la contrescarpe du fossé de la face prolongé limitera la largeur du déblai de la rampe; et le point *o*, intersection des deux horizontales de même cote, sera un point de l'intersection du plan P et de la contrescarpe du fossé de la face, mais cette contrescarpe étant déjà rencontrée au point *r* par l'horizontale 0ᵐ,50 du plan P, l'intersection des deux plans sera donnée par la droite *ro*. La construction de l'autre rampe est symétrique et l'intersection a lieu ici suivant les droites H*q*,*q*K. Cette intersection peut varier de forme en projection horizontale.

deux tiers du côté extérieur, le *maximum* de *ab* sera de 300^m.

Le *minimum* dépend du minimum de la courtine ; et le minimum de la courtine se déduit du *relief* de l'ouvrage et de l'*inclinaison* de la plongée. En supposant, comme pour les redans, que le minimum de la courtine soit de 66^m, on aura pour minimum du côté extérieur 198^m, parce que la courtine est à peu près le *tiers* du côté extérieur (E).

On peut donc dire que le côté extérieur varie entre 200 et 300^m.

36. Passages. Sur le milieu des courtines comme pour les redans.

⌖

37. Au siècle de Louis **XIV**, les lignes continues parvinrent à leur apogée. On les utilisait pour couvrir les armées, et l'on faisait alors la guerre aux positions plutôt qu'aux forces organisées.

Comme au temps de Fabius, on évitait les batailles. Sous l'empire, au contraire, on négligea les positions pour ne s'attacher qu'à détruire les armées.

(E) La trace d'une plongée à $\frac{6}{1}$, avec 5^m,50 de relief, rencontre le fond du fossé à 33^m (voir note, p. 10). On pourrait la réduire de manière que les feux se rencontrassent à 0^m,50 au-dessus du fond du fossé, et même à 1^m,00; ce qui réduirait la courtine à 60^m dans le premier cas et donnerait 180^m pour minimum; dans le second cas, la courtine serait de 54^m et le côté extérieur de 162^m. *Le minimum dépend donc du relief.*

Au **XVII**ᵉ siècle, les armées étaient, en général, peu nombreuses, comparativement aux époques modernes, et surtout peu manœuvrières. On préférait s'enfermer dans des positions plutôt que de s'exposer à des mouvements aussi difficiles que dangereux, avec des troupes mal constituées et mal exercées. On sentait la nécessité de les couvrir pour les rassurer, et aussi pour gagner du temps. Les communications étaient tellement rares, qu'il suffisait de barrer une route par une ligne continue pour arrêter une armée dans sa marche. Le mauvais état des chemins ou leur absence, ne permettait pas alors de tourner une position comme nous l'avons vu faire tant de fois depuis la République, et forcer l'ennemi à abandonner une position en lui donnant de l'inquiétude pour ses communications. Il fallait donc attaquer de front. Le moral de ces troupes composées, en grande partie, de mauvais sujets racolés pour le service militaire, obligeait peut-être aussi à les renfermer dans leur position pour les avoir au moment du danger, où on les retrouvait toujours bons soldats et dignes de combattre sous les ordres de leurs chefs, qui tous tenaient à honneur de mourir pour la patrie.

A considérer de près les lignes continues, bien qu'elles semblent mieux liées que des ouvrages isolés, elles sont cependant plus faciles à emporter, parce que, construites quelquefois sur une étendue de plusieurs lieues, il est presque impossible d'empêcher l'ennemi de pénétrer sur un point, et de prendre alors toute la ligne de flanc et à revers.

Turenne est le premier qui s'aperçut qu'une armée qui se retranche derrière une ligne continue, se prive de la plus essentielle de ses qualités : la mobilité, et par suite, de la possibilité d'agir offensivement en profitant d'une circonstance heureuse.

S'il y a de graves inconvénients à masquer le front d'une armée par une ligne continue, il n'en est pas de même des ailes, qu'on pourra, dans certaines circonstances, couvrir d'une ligne à crémaillères dont le tracé se prête mieux aux formes variées du terrain.

En fait de lignes continues, on en a élevé aussi pour couvrir une partie de frontière, comme, par exemple, celles de *Weissembourg*, couvertes par la Lauter qui coule devant le front, la droite appuyée au Rhin, la gauche aux Vosges. Elles avaient toutes les qualités voulues pour bien résister ; cependant, elles furent forcées aussi souvent qu'assaillies.

Les lignes de *Stolhofen*, sur la rive droite du Rhin, eurent le même sort ; celles de *La Queich* qui appuyaient leur droite au Rhin, leur gauche aux Vosges, et que Landau soutenait au centre, ne furent pas plus heureuses.

Celles de *La Kinzig* pourraient encore nous servir d'exemple.

Celles de *Mayence* (1795), auxquelles les Français travaillèrent pendant un an, pour enfermer cette ville, qui appuyaient leur droite à Laubenhein, village situé à 1500 mètres de la rive gauche du Rhin, passaient par Hechtsheim, Mariaborn, Gonsenheim et Monbach jusqu'au Rhin dans une étendue de 4 lieues, ne purent résister à une attaque sérieuse. Le 29 octobre, Clerfayt profite de la faute faite par les Français d'avoir laissé ouvert le fond de la vallée entre Laubenheim et le Rhin. Il attire l'attention des Français par de fausses attaques sur Gonsenheim et Monbach, et dirige l'attaque principale sur leur droite qu'il tourne en remontant la rive gauche, pendant que des troupes attaquent ces lignes de front.

Lignes à intervalles (*fig.* 29).

38. Autant il serait ridicule aujourd'hui de s'enterrer dans des lignes continues, autant il serait absurde de négliger l'usage des ouvrages détachés pour augmenter la force d'une position, la défense d'un défilé, etc.

En combinant ces ouvrages entre eux, à l'effet d'en obtenir le meilleur flanquement, on arrive à former une *ligne à intervalles*.

On les dispose ordinairement sur trois rangs. Les ouvrages du premier rang se soutiennent entre eux. Ceux du second rang flanquent les ouvrages du premier, tout en se défendant réciproquement; et la troisième ligne porte des feux dans les intervalles des deux premières.

Leur disposition en terrain *horizontal* peut être celle-ci :

On porte sur la ligne de front des parties *ab*, *bc* variant entre 200 et 300^m. Aux points *a*, *b*, *c*, on construit des lunettes ayant au maximum un angle saillant de 80°, et des faces égales au $\frac{1}{8}$ du front. Les flancs ont ordinairement de 15 à 20^m; suivant le nombre de pièces qu'on veut y placer. Leur direction est telle qu'ils peuvent battre le secteur sans feux des lunettes adjacentes du premier rang (F). En prolongeant le pied des talus extérieurs, on obtient les angles *qog*, *go′v*, dans lesquels on établit les lunettes du second rang. La direction des faces *fh*, *fi* est perpendiculaire aux droites *qo*, *go*, et flanquent les fossés des lunettes du premier rang. Les flancs *iz*, *hy* doivent donner des feux en avant des secondes lunettes collatérales à droite et à gauche, et au delà de l'arrondissement de la contrescarpe pour éviter les accidents. On peut, pour plus de facilité, prolonger les contrescarpes jusqu'à leur rencontre en A, de ce point mener la tangente à l'arc de cercle décrit du point *i* avec un rayon d'une longueur de 15 à 20^m, et le flanc *iz* s'en déduit.

Quant à la troisième ligne, elle se compose ordinairement de redans armés d'artillerie flanquant directement les fossés des lunettes du second rang, et défendant à bonne portée le secteur sans feux des lunettes du premier rang. Ces redans ont de 15 à 20^m de face, et peuvent recevoir de 5 à 7 pièces. On dé-

---

(F) Du point *d* comme centre, avec un rayon égal à la longueur du flanc, on décrit un arc de cercle ; et du pied du talus extérieur au saillant de la lunette *b*, on mène une tangente à la courbe ; la perpendiculaire *dp* donne la position du flanc.

termine leur direction comme pour les flancs de lunettes du premier rang.

Le maximum de l'angle saillant est de 80°, pour
éviter que la seconde ligne ne soit trop près de la première.

39. M. le colonel Emy a donné une construction
(*fig.* 30), dans laquelle le prolongement des faces des
lunettes du second rang passe par le sommet des lunettes du premier; et le prolongement des redans par
le sommet des lunettes du second rang, afin de les
garantir de l'enfilade. Dans cette figure $RP = \frac{2}{5}$ de aa',
$PK = \frac{1}{3}RP$. L'angle PK a' est droit.

40. Sur le sol, au milieu du terrain varié d'une position, la projection horizontale des lignes à intervalles n'offre pas la régularité des (*figures* 29 et 30). Il
faut occuper des mamelons à pentes douces, battre
certaines avenues; de là résulte l'obligation d'établir
les lunettes à des distances plus ou moins grandes, et
sur une ligne plus ou moins brisée. Aussi est-il très difficile d'élever trois rangs d'ouvrages dans les terrains
accidentés. On place d'abord les lunettes du premier
rang (*fig.* 31), et l'on fait varier la forme des ouvrages du second rang et leur position suivant le flanquement qu'on désire. Les tracés A, B, C, D, en offrent des exemples.

41. Pour que les fossés des lunettes du premier
rang soient défendus par les ouvrages du second
rang, il faudra prolonger le fossé des faces de ces lunettes, comme nous l'avons pratiqué pour le front
bastionné (D). La figure 29 (*bis*) représente deux so-

lutions, l'une *abcd*, et l'autre *abcg*, faciles à déterminer par les plans cotés.

42. On ne met pas d'artillerie dans les premiers ouvrages pour éviter qu'elle ne tombe au pouvoir d'un ennemi assez heureux dans une attaque pour s'emparer momentanément d'un ouvrage.

43. Les lignes à intervalles se plient mieux au terrain que les lignes continues, elles ont sur celles-ci l'avantage de permettre de saisir une occasion heureuse, pour passer de la défensive à l'offensive, en profitant des intervalles qui sont assez larges pour donner passage à l'infanterie ou à la cavalerie en colonnes, par division ou par escadron.

Le *développement* (1) des ouvrages d'une ligne à intervalles étant égal à la droite qui joint les deux extrémités du front qu'ils couvrent, ils exigent moins de temps pour les élever et moins de monde pour les défendre. Il en résulte qu'on a des réserves plus fortes pour les porter sur les points menacés.

Les ouvrages en arrière peuvent concentrer leurs feux sur les lunettes du premier rang tombés au pouvoir de l'ennemi, et dont l'intérieur est entièrement vu de la seconde et de la troisième ligne.

---

(1) On entend par *développement* d'un ouvrage, le nombre de mètres contenu dans sa ligne de feu.

44. La bataille de *Nordlingue* (1) nous offre un exemple de l'avantage des lignes morcelées. Les Bavarois avaient au centre le village d'Allerheim dont les maisons étaient *crénelées* ainsi que l'*église* et le *cimetière*. Leur ligne, située un peu en arrière de ce village, s'appuyait à gauche au village de Schloss-Allerheim, à droite à la montagne de Vinneberg ; le tout couvert de portions de lignes continues qui laissaient entre elles de grands intervalles.

La première attaque du village conduite par Marsin échoua, et le centre de l'infanterie française fut mis en déroute; la droite, sous les ordres du maréchal de Grammont, eut affaire à Jean de Vert qui, après avoir bien canonné les troupes qui marchaient sur lui, sortit de ses retranchements, culbuta les Français, enfonça leur réserve, prit Grammont et s'avança dans la plaine. Les Bavarois fussent restés vainqueurs malgré la mort du comte Mercy, tué à Allerheim, à la seconde attaque des Français, si l'infanterie bavaroise n'eût pas capitulé au moment où Turenne, rejoint par Condé, enfonçait leur droite.

La bataille de *Heilsberg* (10 juin 1807) prouvera mieux l'importance des ouvrages détachés composant par leur ensemble une ligne à intervalles. Heils-

---

(1) Gagnée le 4 août 1645 par le prince de Condé sur les Bavarois, commandés par le feld-maréchal comte Mercy. Voir le colonel Rocquancourt, Kausler, etc.

berg était couvert de lunettes, de redans et de batteries. Le 10 juin au soir, l'Empereur ordonne d'attaquer les ouvrages situés sur la rive gauche de l'Alle;
les efforts des corps de Soult, de Lannes et de Murat
échouent contre cette position retranchée; une seule
redoute est enlevée, mais le feu des autres ouvrages
écrase les assaillants, et la réserve reprend la lunette.
L'obscurité arrête les combattants. L'Empereur reconnaît la force de cette position, manœuvre sur
Kœnigsberg, et force ainsi l'ennemi à abandonner
Keilsberg.

Cette affaire prouve l'importance de ces ouvrages
détachés dont la construction demande peu de temps,
peu de monde, renforce les points faibles d'une position, et laisse une armée libre de ses mouvements
offensifs dans le cours d'une action.

Le champ de bataille de *Bautzen*, que les Alliés
occupèrent huit jours avant la bataille du 20 mai
1813, présentait *un* rang d'ouvrages à intervalles devant Baschütz; les Russes s'en servirent avantageusement pour soutenir le choc de Marmont; mais le
maréchal Ney, ayant débordé la droite de Blücher,
força celui-ci à battre en retraite. Ce mouvement rétrograde laissa à découvert la droite des Russes qui
abandonnèrent alors leurs retranchements. Ce fut
donc la manœuvre tournante du maréchal Ney qui
obligea d'abandonner la position, et non l'attaque de
front des maréchaux Soult et Marmont.

Si *Varsovie* avait eu dans son sein des troupes bien
organisées et en plus grand nombre, cette sœur de

Paris ne serait pas tombée entre les mains des Russes, en moins de quarante-huit heures. Varsovie était munie d'un rempart en terre avec fossé; sur la rive gauche de la Vistule, on voyait une soixantaine d'ouvrages qui formaient autour de la ville une ligne à intervalles composée de *deux* rangs d'ouvrages ouverts à la gorge, excepté cinq ou six redoutes ou fortins. (Voir art. 46 et 53.) Ces deux lignes étaient indépendantes l'une de l'autre, cependant la première, à peine achevée, était sous le feu de la seconde. Malgré ces ouvrages, qui à la vérité manquaient en partie de soldats, les Russes entrèrent dans Varsovie le 7 septembre 1831, après deux jours de combat autour de cette capitale.

M. le général Rogniat donne dans son chapitre des retranchements de campagne, la description d'une espèce de ligne à *intervalles* formés d'un seul rang d'ouvrages, disposés de façon à masquer à l'ennemi la vue des troupes qu'il aperçoit ordinairement par les intervalles. M. le colonel Rocquancourt dans son ouvrage *d'Art et d'Histoire militaires*, donne le plan d'une pareille ligne, que nous avons reproduit sous la figure 32. On y remarque des saillants très prononcés et qui sont des points d'attaque connus d'avance; l'artillerie se place dans les rentrants derrière des épaulements dont la figure 32 donne deux profils suivant GH et IK. On y voit deux petits fossés dans lesquels les canonniers se retirent après avoir chargé leurs pièces. Entre ces batteries et les retranchements, il y a des espaces de 60^m ménagés pour laisser passer la cavalerie en colonnes par escadron. En d'autres points sont des passages de 10 mètres, et les courtines brisées sont disposées en gradins, pour que l'infanterie appelée à repousser l'ennemi, puisse le faire sans obstacle, et sans rompre son ordre de bataille.

Sur la contrescarpe du fossé des bastions règne une banquette, sur laquelle les tirailleurs se retirent en faisant le coup de fusil; et de là, sautant dans le fossé, ils s'écoulent par les flancs et rentrent dans les ouvrages.

Ouvrages fermés.

45. On entend par ouvrage fermé, celui dont le parapet environne le terrain qu'il doit défendre. Il varie de nom en même temps que de forme. Il y en a de trois espèces : les *redoutes*, les *fortins* et les *forts*.

46. (*Fig.* 33). Une *redoute* est un ouvrage de forme polygonale qui ne présente que des angles saillants. Le défaut capital de cet ouvrage est d'avoir des fossés sans défense. On n'emploie ordinairement que des redoutes carrées.

L'espace intérieur de l'ouvrage, le *terre-plein* en un mot, doit être d'une superficie assez grande pour contenir les défenseurs. Ceux-ci sont en général répartis sur les banquettes à raison d'un homme de front par mètre courant de ligne de feu. Si l'on représente par x, le nombre de mètres contenu dans le côté de la redoute, $4x$ sera le périmètre de l'ouvrage qui égalera le nombre d'hommes placés sur la banquette, mais sur un rang. En doublant on aura $8x$ pour une défense sur deux rangs.

La surface intérieure comprise entre les pieds des talus de banquettes doit présenter une surface égale en mètres au nombre d'hommes à y établir au bivouac, en accordant au minimum un mètre carré pour chaque soldat. Le terre-plein est $mnok$, dont le côté $mn = x-8$ pour $2^m,50$ de hauteur de ligne de feu.

En effet, $mn = AB - (Am + nB)$, mais $Am = ab + bc + cd = 0^m,43 + 1^m,20 + 2^m,40 = 4^m,03$, c'est-à-dire 4^m. Or, $nB = Am$. Donc $Am + nB = 8^m$, par conséquent le côté du carré du terre-plein de notre redoute est égal à $(x-8)$ et sa surface à $(x-8)^2$; et comme elle doit égaler en mètres carrés le nombre de mètres contenu dans le périmètre de la redoute, on a $4x = (x-8)^2$, pour le minimum d'une redoute défendue par *un* rang, *sans réserve*; en n'accordant toutefois qu'*un* mètre carré pour chaque homme au bivouac. En résolvant l'équation on trouve $x = 16^m$.

Pour deux rangs on trouverait : $x = 21^m$ (1).

On conçoit qu'avec un rang ou deux *sans réserve*, on n'obtiendrait qu'une médiocre défense. Aussi en place-t-on toujours une dans les ouvrages fermés; elle est égale au *tiers* de la troupe totale. Par conséquent, le nombre des défenseurs d'une redoute à deux rangs d'hommes *avec réserve*, devient $8x + 4x$ ou $12x$.

---

(1) $8x = (x-8)^2$, $8x = x^2 - 16x + 64$; $x = 12 \pm \sqrt{144-64}$, $x = 21$.

En se conformant à l'ordonnance du 3 mai 1832 qui accorde $1^m,50$ pour chaque homme dans les baraques, l'équation pour trouver le minimum de la redoute se présente sous la forme suivante .

$$12\,x \times 1^m,50 = (x - 8)^2.$$
$$\text{d'où} \quad x = 32^m.$$

Enfin si l'on voulait une défense sur *deux rangs*, à raison de *deux* hommes de *front* par mètre de ligne de feu et une *réserve*, il faudrait résoudre l'équation ci-après :

$$24x \times 1^m,50 = (x - 8)^2\,(1).$$
$$\text{d'où} \quad x = 50^m \text{ environ.}$$

Pour une redoute défendue par trois rangs dans les mêmes que ci-dessus , on trouve :

$$36\,x \times 1^m,50 = (x - 8)^2.$$
$$\text{d'où} \quad x = 69^m.$$

L'entrée de la redoute et la traverse comme pour les figures 18 et 19.

47. PLATES-FORMES. L'importance d'une redoute oblige quelquefois à l'armer d'artillerie. Comme les pièces de campagne sont montées sur des affûts dont la hauteur n'est pas grande , on est obligé d'élever,

---

(1) Une défense sur deux rangs, à raison de 2 hommes de front par mètre, avec une réserve, donne 6 hommes par mètre courant de parapet. Une défense sur trois rangs donnerait 9 hommes.

aux emplacements qu'elles doivent occuper, des masses de terre qu'on appelle *plates-formes;* et pour que la volée de la pièce puisse tirer par-dessus le parapet, on les établit à $0^m,80$ au-dessous de la ligne de feu. Ce tir est dit : *tir à barbette.* Il a l'inconvénient d'exposer les canonniers, mais il a l'avantage de donner à la pièce un grand *champ de tir.*

Soit (*fig.* 34), l'angle saillant d'une redoute, *ab, bc,* sont les intersections de la plate-forme avec les talus intérieurs. On inscrit dans l'angle *abc* une circonférence dont le rayon est de $3^m,50$, ce qui donne 7 mètres pour le recul de la pièce. On établit un pan coupé *de* perpendiculaire à la capitale, *fg* en est la ligne de feu. Par ce moyen la volée de la pièce dépassera la ligne de feu.

La plate-forme est limitée par les deux droites $c\mathrm{X}$, $a\mathrm{X}$. Par ces droites on fait passer des plans à $\frac{1}{1}$ pour soutenir les terres; les traces de ces plans *np,* *pz,* en sont à une distance de $1^m,70$ puisque l'inclinaison est à $\frac{1}{1}$, *lm, l'm',* intersections avec les banquettes horizontales, sont à $0^m,50$, différences des cotes des deux plans.

Les intersections du plan passant par $a\mathrm{X}$ avec les divers plans du retranchement et le terre-plein sont : *al, lm, mn, np;* celles du plan $c\mathrm{X}$ sont *cl', l'm', m'n', n'p.*

48. Pour arriver sur la plate-forme on se sert d'une rampe en terre inclinée de $\frac{4}{1}$ à $\frac{6}{1}$; d'autant plus douce que la différence de niveau est grande (1).

---

(1) La rampe $\mathrm{XB}sr$ a 3^m de largeur. Des plans à $\frac{1}{1}$ passent par

49. La partie de la ligne de feu occupée par une pièce dans un angle droit est de 14^m, une pièce placée seule sur une face prend 5^m de ligne de feu ; à côté d'une autre elle n'en exige que 4.

Les plates-formes occupent sur le terre-plein 40^m lorsqu'elles sont en capitale, et 60^m environ lors qu'elles sont sur une face.

Le caisson et l'avant-train d'une pièce occupent à peu près 40^m sur le terre-plein.

Dans le calcul d'une redoute, il faudra tenir compte de tous ces détails.

50. Si l'on veut chercher le côté *minimum* d'une redoute carrée, défendue par *trois* rangs d'hommes avec réserve, à raison de *deux* hommes de *front* par mètres de parapet, et armée de quatre pièces dont deux en capitale, et les deux autres séparément sur les faces, on aura l'équation suivante (1) :

Xr et Bs. Ce dernier coupe la trace du plan pz en u et donne Bu pour leur intersection. Bu et $m'n'$ se coupent en un point H qui appartient au talus de banquette et au plan Bs. s est un point commun à ces deux plans , donc Hs est leur intersection.

Pour une rampe en capitale, la droite XB serait établie tangentiellement à la circonférence et perpendiculairement à la capitale.

La plongée à $\frac{6}{1}$, passant par fg, coupe les deux autres plongées suivant les droites fh,$'gi$, bissectrices des angles, puisque les inclinaisons sont les mêmes, l'intersection iK est donnée par la rencontre T' des traces R"R, T'T des deux plans.

(1) p représente le nombre des pièces en capitale; p' celui des pièces sur les faces.

cart. ***

$$4x - (14p + 5p') \times 9 \times 1^m,50 = (x-8)^2 - (40p+60p') - 40(p+p')$$
$$\text{d'où } \quad x = 73^m.$$

En multipliant les hypothèses et faisant varier les données, on obtiendrait de plus grandes dimensions pour le côté de la redoute. Dès que l'on atteint 90^m, on construit des fortins, comme nous le verrons plus loin.

51. L'entrée de la redoute se place autant que possible sur le milieu de la face la moins exposée; on détermine cette entrée et la longueur de la traverse comme nous l'avons indiqué pour les lignes; il en est de même du pont. (*Fig.* 19, 18, 20 et 21.)

52. On se sert des redoutes pour défendre des points avancés attaquables de tous côtés, mais à portée d'être soutenus; par exemple des mamelons, l'entrée d'un défilé, les ailes d'une position. On les place quelquefois au premier rang d'une ligne à intervalles; on a soin alors de disposer les diagonales sur une parallèle au front de manière qu'elles puissent se flanquer comme une ligne de carrés obliques; le flanquement des fossés s'obtient en déblayant leur prolongement en rampe comme il a été dit pour les lunettes (*fig.* 29 *bis*).

Fortins (*fig.* 38).

53. On entend par *fortin* un ouvrage de forme polygonale, présentant des angles *saillants* et des angles *rentrants*.

54. Le *carré* ne convient pas à la construction

d'un fortin ; l'angle de tenaille ayant 150°, le flanquement ne pourrait s'effectuer (*fig.* 35).

Le *pentagone* donnerait un angle de tenaille de 132°.

L'hexagone (*fig.* 36) donne pour angle de tenaille le *maximum* de l'*obliquité* des feux d'infanterie pour la défense des fossés, 120°.

55. *L'octogone* (*fig.* 37) convient beaucoup mieux, puisque l'angle de tenaille est de 105° ; sa construction est facile. Après avoir décrit une circonférence avec un rayon de 65^m, on mène huit diamètres perpendiculaires deux à deux et divisant la circonférence en huit parties égales. On inscrit l'octogone *edaa'lkhg*, et l'on fait des angles saillants de 60° aux points de division *daa'*...etc., il en résulte des angles rentrants de 105°, et des faces de 30^m, quantité minima reconnue nécessaire pour que les fossés aux saillants soient vus des parties rentrantes.

56. Sur le carré (*fig.* 38), on peut également construire un fortin à huit pointes de la manière suivante : on divise en trois parties égales le côté *aa'* qui doit avoir au *minimum* 90^m sur la division du milieu, on construit un triangle équilatéral *bcd* ; sur le milieu de *aa'* on élève une perpendiculaire *xy* égale au huitième de *aa'*, on mène *ay*, *a'y*, et les faces *ae a'f*, sont déterminées par les faces *cb*, *cd*, prolongées.

57. Les *passages* sont situés dans les rentrants et de manière à déboucher à quelques mètres de l'angle rentrant **K,K'**, des contrescarpes, et à ne pas entamer la partie du parapet qui voit dans le fossé.

58. Les fortins s'emploient utilement pour défendre des points isolés, susceptibles d'être attaqués de tous côtés, et souvent abandonnés à eux-mêmes pour quelque temps.

Le développement du fortin (*fig.* 37) est de 480^m, il demande au *minimum* deux bataillons ou 1500 hommes pour sa défense, et au *maximum* 4,000 hommes et 8 pièces d'artillerie.

Les secteurs sans feux de ces ouvrages sont détruits ; tous les angles rentrants des fossés sont des *angles morts* ; et avec des faces de 30^m seulement, il n'y a que les saillants des fossés qui soient flanqués. Le côté *aa'* (*fig.* 38), augmentant, les faces prennent plus de développement et les fossés sont mieux défendus ; mais les angles morts existent toujours. Aussi lorsque le côté *aa'* atteint 160^m, on abandonne les fortins pour élever un *fort bastionné* (1). Le système bastionné a, comme nous l'avons vu plus haut, l'avantage de détruire les angles morts et de donner un flanquement parfait ; et comme 160^m est le *minimum* du côté sur lequel il est possible de tracer un *front bastionné*, cette dimension sera le côté *maximum* des fortins et le côté *minimum* des *forts bastionnés*.

Forts bastionnés (*fig.* 39).

59. Le *fort bastionné* est un ouvrage fermé prove-

---

(1) Voir la discussion et les notes des lignes bastionnées.

nant d'un polygone sur les côtés duquel ont été construits des fronts bastionnés.

Le carré est le premier polygone qui puisse recevoir la forme bastionnée.

Les angles saillants devant avoir au moins 60°, on prend une perpendiculaire en conséquence de l'ouverture de l'angle du polygone. Elle est de $\frac{1}{8}$ dans le carré, ce qui donne des angles *diminués* de 14° environ et des angles saillants de 62°.

Dans le pentagone (*fig.* 40), l'angle du polygone étant plus grand, on prend la perpendiculaire au $\frac{1}{7}$. Les angles diminués sont de 16° et les angles saillants de 76°. Par ce moyen, les flancs croissent avec la perpendiculaire et ils défendent mieux les fossés.

Pour l'hexagone (*fig.* 41), la perpendiculaire est de $\frac{1}{6}$, les angles diminués sont de 18°,30′ et les angles saillants de 83°. Dans cette figure, les flancs ont atteint une bonne dimension, proportionnellement aux autres parties du front. Le flanc est à peu de chose près le *huitième* du côté extérieur, ce qui permet de flanquer vigoureusement les fossés et les secteurs sans feux des bastions. Aussi a-t-on conservé le rapport du $\frac{1}{6}$ pour la perpendiculaire dans les polygones supérieurs à l'hexagone.

60. Les forts bastionnés sont excellents dans les circonstances où l'on veut imposer. Ils peuvent en quelque sorte suppléer aux places fortes.

En théorie générale, le *côté extérieur aa′* varie entre 200 et 300ᵐ, comme on l'a démontré aux lignes bastionnées, mais le minimum dépendant du relief, il peut descendre à 162^m, ainsi qu'il a été dit dans la note p. 25.

61. Le pont et l'entrée se placent de la manière indiquée dans les lignes bastionnées. On couvre quelquefois l'entrée de ces forts par un redan *def*, dont les faces s'arrêtent à 4 à 5^m du bord de la contrescarpe *ii″*, pour les communications du redan. Le prolongement des faces doit aboutir en *g.h*, à quelques mètres des angles d'épaules ; on peut construire ce redan en faisant le triangle équilatéral *ghe*, sur *gh* pour côté.

62. Réduit. On établit un réduit dans les ouvrages fermés, dans ceux particulièrement qui doivent opposer une vigoureuse résistance et qu'on ne voudrait pas qu'ils tombassent au pouvoir de l'ennemi à la suite d'un coup de main.

Le réduit est un ouvrage intérieur, disposé de façon à contenir au moins les deux tiers de la garnison, et à lui permettre de résister encore quelque temps, de manière à obtenir une capitulation honorable, si les vivres ou les munitions venaient à lui manquer. La forme de ce réduit peut être une redoute carrée *vxyz*, ou un petit fortin, si le fort avait un grand développement ; l'attaque arrivant par les saillants, on dispose les faces du réduit perpendiculairement aux capitales, pour que les points vulnérables soient bien défendus.

Blockhaus (*fig.* 42).

63. Le BLOCKHAUS est une petite maison en bois, disposée pour la défense des points situés sur des montagnes, dans des pays très accidentés, dans des gorges, et généralement peu accessibles à l'artillerie.

Quand l'ennemi n'en a pas (comme en Afrique), on peut les établir partout où l'on a besoin d'un point d'appui ; ils sont préférables aux redoutes, en ce qu'elles abritent les soldats de l'intempérie des saisons. Leur moindre largeur est de 3 à 4^m, lorsqu'ils ne doivent contenir que de l'infanterie ; si l'artillerie doit concourir à la défense du blockhaus, il lui faudra 8^m de largeur. La hauteur *intérieure* est au moins de 2^m,50, quantité indispensable pour le maniement du fusil. Si les créneaux étaient à 1^m,30 au-dessus du sol, les balles ennemies pourraient frapper les défenseurs au repos ; pour éviter ce danger on établit une banquette de 0^m,50 de hauteur le long des murs des blockhaus ; de cette façon, les créneaux sont à 1^m,80 au-dessus du sol de l'ouvrage ; dans ce dernier cas, les 2^m,50 de hauteur *intérieure* sont pris à partir de la partie supérieure de la banquette.

La longueur du blockhaus à un étage est égale en mètres à la moitié du nombre des défenseurs.

Les murs du blockhaus sont verticaux et composés de poutres de 0^m,30 à 0^m,33 d'équarrissage, posées verticalement sur une semelle A, enfoncée d'un mètre en terre, et dans laquelle est pratiquée une *mortaise* pour recevoir le *tenon* ménagé à l'extrémité des poutres. La partie supérieure est coiffée d'un chapeau B qui empêche les pièces de vaciller. Les *chapeaux* supportent des poutres P posées horizontalement et jointives pour former le ciel du blockhaus. Lorsqu'on a des madriers (planches de chêne de 0^m05 d'épaisseur), on en place sur les poutres perpendiculairement à leur direction, pour éviter que la terre qui doit recouvrir le blockhaus ne filtre par les interstices. On met un mètre de terre sur le blockhaus pour résister aux bombes.

Les *créneaux* ont des joues évasées à $\frac{1}{4}$ de l'intérieur à l'extérieur. Ils ont $0^m,30$ de hauteur et $0^m,80$ de largeur (*fig.* 43). On entoure le blockhaus d'un parapet de $1^m,70$ à $2^m,00$, limité supérieurement par une plongée à $\frac{3}{1}$ partant des créneaux. Le fossé n'a qu'un mètre de profondeur sur 3 mètres de largeur au fond ; cette dernière dimension dépend du calcul du déblai au remblai. Au pied de la contrescarpe on place une rangée de *palissades* (pièces de bois triangulaires, liées entre elles, voir art. 67). En avant du fossé se trouve un *glacis*, dont le plan prolongé doit passer par les créneaux.

La *porte* a $0^m,7$ à $0^m,80$ de largeur, sur $1^m,80$ à $2^m,00$ de hauteur.

Quand le blockhaus a 8^m de largeur, on soutient les grandes poutres P par une poutre placée transversalement et portant sur des montants verticaux ; cette disposition est indiquée en points dans la figure 42.

64. Les blockhaus de l'armée d'Afrique sont à deux

étages (*fig.* 45). Le second étage est en saillie, pour permettre l'usage des feux verticaux. Toutes les pièces portent une lettre de série avec un numéro d'ordre.

Trente-six hommes exercés élèvent un blockhaus en huit heures.

La porte de ces blockhaus est au premier étage; on se sert d'une échelle pour entrer et sortir. La nuit on la retire pour éviter les surprises. La garnison est munie de longues fourches pour éloigner les fagots qu'on pourrait jeter contre le blockhaus, avec l'intention de l'incendier.

On ménage des évents pour éviter d'être suffoqué par la fumée.

Les blockhaus sont des réduits excellents.

Les grands blockhaus sont en forme de croix (*fig.* 44). La banquette peut être avantageusement remplacée par un lit de camp, lorsque le blockhaus a au moins 5^m de largeur (*fig.* 45)

65. De tous les ouvrages fermés, les redoutes sont les plus usitées, leur tracé est simple, et vingt-quatre heures suffisent pour les établir.

On se rappelle le service que rendit au général Bonaparte la redoute élevée sur le *Monte-Legino*, en 1796, et contre laquelle tous les efforts du centre des Austro-Sardes vinrent échouer, grâce au courage et au dévouement du chef de brigade Rampon, qui la défendait, et qui n'était pas homme à la rendre.

La redoute de *Schwardino*, construite sur un mamelon en avant du village de ce nom, opposa une vive résistance aux Français, le 5 décembre 1812, avant-veille de la bataille de la Moskowa. Elle fut prise et reprise trois fois par la division Compans, et le mouvement rétrograde des Russes ne se décida qu'après l'attaque des Polonais à droite, et surtout celle de la division Morand, à gauche, sur le village de Schwardino, qui leur donna de l'inquiétude pour leur ligne de retraite.

La bataille de *Fontenoy* (1) nous présente un emploi judicieux des redoutes, surtout celle qui était à l'extrême gauche des Français, près du bois de Barri; elle devait supporter l'effort de la journée, si le général-major Ingolby eût pu pénétrer dans le bois. Mais trouvant la route embarrassée d'*arbres couchés* (abatis, art. 73), et défendue par des tirailleurs, il s'effraie, s'imagine être tombé au milieu d'une partie de l'armée française, et rétrograde. C'est alors que le duc de Cumberland lance cette fameuse colonne qui doit tout enlever ou jeter l'armée française dans l'Escaut. Grâce à quatre pièces d'artillerie qui battent le front de cette colonne, et à la redoute du bois de Barri qui en écharpe le flanc droit, elle est fortement ébranlée; aussitôt la réserve s'élance, charge, et en moins de dix minutes la colonne se débande et prend la fuite (2).

---

(1) Gagnée par le maréchal de Saxe, le 11 mai 1745, sur les Anglais, les Hollandais, les Hanovriens et les Autrichiens coalisés.

(2) Voir le colonel Rocquancourt, 2ᵉ vol.

Nous croyons devoir citer la bataille sanglante de *Caldiero*. L'archiduc Charles avait élevé des redoutes en avant du village de ce nom. Le 30 octobre 1805, Masséna fait attaquer cette formidable position; Molitor est ramené après d'héroïques efforts, Caldiero est pris et repris plusieurs fois. Dans cette circonstance, les Autrichiens profitent habilement des intervalles des redoutes pour disputer le terrain avec avantage. Le carnage est en pure perte pour les deux partis. Les troupes françaises couchent à portée de fusil des redoutes; le lendemain, même carnage, même résultat; cependant le surlendemain l'archiduc Charles bat en retraite et abandonne la position.

Défenses accessoires.

66. Les *défenses accessoires* sont des obstacles qu'on crée pour augmenter les embarras de la marche d'une troupe qui se dirige sur un ouvrage, une position, un retranchement quelconque. Pour plus d'efficacité, il faut qu'elles soient soumises aux feux des défenseurs.

Nous allons nous occuper des plus importantes, qui sont : les *palissades* les *palanques*, les *petits piquets*, les *abatis*, les *trous de loup*, les *chevaux de frise*, les *chausse-trapes*, etc.

67. PALISSADES (*fig.* 46 et 47). Les *palissades* sont des obstacles en bois, provenant de corps d'arbres de $0^m,30$ à $0^m,35$ de diamètre qu'on a fendus en 6 ou 8 parties pour obtenir des prismes triangulaires de $0^m,15$ à

0^m,18 de largeur. Leur longueur est de 2^m,80 à 3^m,50, on les enterre de 0^m,80 à 1^m,00, de façon qu'elles aient 2^m à 2^m,50 au-dessus du sol. Elles sont espacées de 0^m,06 à 0^m,08, pour qu'on ne puisse facilement passer les bras et les jambes pour les escalader ; et pour éviter qu'on n'introduise un levier à l'effet de les écarter et de pratiquer une trouée. A un mètre au-dessous des pointes, elles sont maintenues par un *liteau* de 0^m,10 à 0^m,12 de largeur sur 0^m,08 à 0^m,10 d'épaisseur, sur lequel elles sont arrêtées par des chevilles en bois. Les pointes ont une hauteur égale à une fois et demie leur largeur. On place le liteau assez bas pour qu'il ne puisse servir à recevoir le pied lorsqu'on enjambe, et pour augmenter la difficulté qu'il y aurait à les franchir.

On compte 8 ou 10 palissades par 2 mètres courants. Deux charpentiers font 10 palissades par heure, le bois étant abattu, et 2 autres en plantent 12 à 15 mètres courants par jour.

Quand les corps d'arbres n'ont que 0^m,18 à 0^m,20 de diamètre, on les emploie tels qu'ils sont après les avoir appointés et taillés à la longueur voulue. On a soin alors d'évider plus ou moins la partie qui doit recevoir le liteau pour qu'il puisse porter contre toutes les palissades et les conserver dans le même alignement.

Le chêne est le meilleur bois, mais à l'armée, celui qui est le plus près est toujours le meilleur (*fig.* 48 et 49).

68. Les palissades se placent ordinairement dans le milieu du fond des fossés (*fig.* 50), de manière à bien permettre le flanquement de la partie du fossé comprise entre elles et la contrescarpe. Un fossé de

un mètre de profondeur, creusé à un mètre en avant, et dont les terres sont relevées en talus de leur côté, est excellent. Il empêche les sapeurs de détruire avec facilité les palissades à coups de hache, en les éloignant du pied de ces obstacles.

La position au pied de la contrescarpe (*fig.* 51) a été reconnue mauvaise, parce qu'il est facile de combler de fascines (1) le triangle *abc* et de détruire les palissades au moyen de ce couvert, qui garantit les sapeurs des feux de flanc, seuls à craindre dans le passage d'un fossé.

La palissade au pied de l'escarpe (*fig.* 51) arrête les obus ennemis qui n'ont pas pénétré la masse couvrante et qui roulent dans le fossé. Arrivés contre la palissade, ils éclatent et les brisent.

69. Enfin, les palissades prennent le nom de *fraises*, lorsqu'elles sont établies sur la berme (*fig.* 50) et inclinées vers le fossé, sous un angle de 25 à 30 degrés. Elles s'appuient sur une *lambourde*, placée sur la berme, et sont retenues dans le massif des terres par une seconde lambourde posée sur leur extrémité. La pointe des *fraises* ne doit pas dépasser le pied de l'escarpe en projection horizontale; elle doit être au moins à 2 mètres au-dessus du fond du fossé.

On compte ici quatre palissades par mètre courant.

70. Palanques (*fig.* 52, 53). On nomme *palanques*, des palissades carrées, jointives, disposées verticalement, de manière à servir de retranchement. Elles

---

(1) Espèce de gros fagots de 2^m de longueur sur 0^m,22 de diamètre.

4.

sont équarries à 0^m,30 à 0^m,33 de longueur sur une largeur de 4^m à peu près, enterrées d'un mètre. Leur hauteur au-dessus du sol est de 2^m,50 à 3^m,00. Pour faire le coup de feu, on ouvre de mètre en mètre des créneaux K dans deux poutres contiguës, en évidant sur chacune d'elles la moitié de la quantité nécessaire pour produire le créneau, dont la hauteur intérieure doit être de 0^m,30, la largeur 0^m,08; la partie supérieure *mn* (*fig.* 53) est horizontale; la partie inférieure inclinée à $\frac{6}{1}$. Les parties latérales du créneau, les *joues*, sont évasées au $\frac{1}{2}$ de l'intérieur à l'extérieur.

La hauteur du point *o* au-dessus du sol est de deux mètres, afin que l'ennemi ne puisse pas saisir les armes des défenseurs ou boucher les créneaux. La figure 52 représente une autre espèce de créneaux, évidés dans la partie supérieure; ils donnent plus de facilité pour abattre l'arme en mettant en joue, mais ils decouvrent la tête du soldat.

Intérieurement se trouve une banquette en madriers d'un mètre de largeur, sur laquelle on arrive au moyen d'un gradin qui divise en deux la hauteur de la banquette. On donne généralement 0^m,50 de largeur au gradin.

On peut remplacer cette banquette en madriers par une banquette en terre. A cet effet, on pratique à 2^m en avant un petit fossé de 1^m de profondeur.

71. Dans les pays du Nord, où les pins, les sapins et les mélèzes sont en abondance, on les emploie tels qu'ils sont, sans les équarrir. Leur forme cylindrique permet de les rapprocher, et pour garantir les défen-

seurs des projectiles qui pourraient pénétrer par leurs joints, qui sont les points faibles de cette palanque, on dispose intérieurement de petites palissades rondes et mieux triangulaires (*fig.* 54). Les créneaux sont disposés comme nous l'avons indiqué pour les palanques de la première espèce, et les petites palissades sont coupées à la hauteur du créneau H.

72. PETITS PIQUETS (*fig.* 51). On défend assez bien les abords de la contrescarpe par des petits piquets de $0^m,50$ à $0^m,80$ de longueur, qu'on enfonce inégalement en terre, pour qu'on ne puisse poser des fascines dessus, ou des planches, afin de les franchir ; ils sont assez rapprochés pour ne pas permettre aux hommes de poser le pied entre. Une zone de $1^m,50$ à 2^m de largeur suffit pour arrêter la troupe la mieux lancée jusqu'à ce que les sapeurs les aient détruits.

Pour les garantir du canon, on les recouvre d'un petit *glacis*, dont le plan est toujours soumis aux feux du retranchement. Le prolongement du coup de fusil AK ne doit pas passer à plus de $0^m,50$ au-dessus du pied du glacis.

73. ABATIS (*fig.* 51). Les *abatis* sont de fortes branches d'arbre de $0^m,20$ à $0^m,25$ de diamètre, débarrassés de leurs feuilles, et dont les principales branches ont été taillées en pointes. On les dispose à 50^m au moins en avant des fossés, parallèlement à la position, les pointes tournées vers l'ennemi, le corps du côté des défenseurs. Ils sont fixés en terre par quelques piquets à crochets et reliés par des harts. On les masque par un glacis de 1^m de hauteur, dont le plan est déterminé comme l'indique la figure. Les terres proviennent d'un fossé de 1ᵐ de profondeur, déblayé en glacis du côté des défenseurs, pour que le coup de feu A aperçoive le point H, ou au plus à 0ᵐ,50 au-dessus.

74. Quand on veut embarrasser une route au moyen des arbres qui la bordent, on les coupe à 1ᵐ au-dessus du sol, non complétement, mais de la quantité nécessaire pour que leur propre poids les fasse tomber. On les dirige dans leur chute perpendiculairement à la direction de la route.

75. Sur un champ de bataille, on place des abatis dans un chemin creux qui pourrait favoriser les approches de l'ennemi. On en met aussi sur le front d'une position, sur un flanc, sur la lisière d'un bois qu'on défend.

En rase campagne, les troupes qui défendent des abatis doivent se tenir loin d'eux, pour éviter les éclats de bois enlevés par les projectiles. C'est pour cette raison qu'on les met à 50ᵐ au moins en avant des fossés des ouvrages.

76. Trous de loup (*fig.* 55). Les *trous de loup* sont des excavations de forme tronc-conique, dont la grande base, qui repose sur le sol, a 2ᵐ de diamètre; les parois sont inclinées à $\frac{1}{3}$, de sorte que la base inférieure se déduit de la profondeur; en supposant celle-ci de 1ᵐ,50, la base inférieure serait de 0ᵐ,50. Le remblai d'un seul trou de loup est composé de deux parties de surfaces coniques à base circulaire, dont l'une est convexe *g'a'*, *c'i''*, et dont l'autre est concave *a'm*, *nc'*. Elles se coupent suivant une circonférence

abcd en projection horizontale, et qui se projette verticalement suivant la droite $a'c'$.

77. On établit ordinairement les trous de loup à $3^m,25$ d'axe en axe (*fig.* 56). Trois rangs suffisent pour arrêter la marche d'une troupe. Les trous de loup du second rang sont derrière les intervalles des premiers, et ceux du troisième derrière les intervalles du second, disposés en échiquier comme les manipules de la légion romaine.

Les intersections des remblais des trous de loup, provenant de cônes dont les axes sont parallèles et les génératrices également inclinées, donnent des branches d'hyperboles; et comme les axes des cônes sont verticaux, les hyperboles se projettent horizontalement, suivant les droites cc', $c'h$, hn, nk, kd, dc (G). Tous ces remblais forment des arêtes vives, sur lesquelles il est difficile de mettre le pied, et, pour aug-

---

(G) L'hyperbole xy est comprise entre les génératrices extrêmes oc, oc'; toutes les génératrices oc, op, oc' passent par le sommet du cône o, et s'appuient sur la circonférence vz; il est donc facile d'obtenir leurs projections verticales. Toutes les génératrices du remblai sont à 45°, la génératrice extrême ab, projetée verticalement en $a'l$, rencontre verticalement la circonférence bt au point l, les terres de l'hyperbole n'étant pas soutenues de ce côté par les terres d'un trou de loup, s'inclinent à 45° suivant le plan lf', dont la trace horizontale est fi; ce plan coupe les surfaces côniques convexes suivant des portions de parabole fb, ij, il en est de même des intersections bm, mj, des surfaces côniques concaves.

menter le danger, on plante au fond de chaque trou de loup un piquet de 1ᵐ,50, qu'on enfonce de 0ᵐ,50.

Les trous de loup se placent sous le feu de l'ouvrage à 50ᵐ environ en avant des fossés et quelquefois au pied de la contrescarpe.

Le déblai d'un trou de loup étant de 2ᵐ cubes, un travailleur peut en faire quatre pendant sa journée, au minimum trois.

On les trace sur le sol au moyen d'un triangle équilatéral en corde aBD de 6ᵐ,50 de côté. Les sommets a, B, D, et les milieux des côtés o, F, E, donnent les centres des trous de loup. Faisant tourner ensuite le triangle autour du côté BD, le sommet a vient tomber en A, les trous de loup M, N sont alors connus, etc.

78. **Chevaux de frise** (*fig.* 57 et 58). Le *cheval de frise* se compose d'un corps d'arbre de 2 à 4ᵐ de longueur, équarri à 4 ou 6 faces de 0ᵐ,15 à 0ᵐ,20 de largeur. Ces faces sont percées alternativenent de trous distants de 0ᵐ,15, et qui reçoivent des lances de 2ᵐ,50 à 3ᵐ de longueur, sur 0ᵐ,05 de diamètre, ferrées à leurs extrémités quand on a le temps. La poutrelle qui forme le corps du cheval de frise est terminée à chaque extrémité par une chaînette, l'une d'elles porte un anneau, l'autre un T, de manière à pouvoir les lier entre eux, quand on les met en place. On les garantit du canon par un glacis (*fig.* 60), déterminé d'après les conditions indiquées pour les abatis; on peut aussi les placer au pied de la contrescarpe.

Les défenses accessoires ne doivent jamais être à

plus de 100ᵐ en avant des ouvrages, afin d'en être toujours bien défendues

79. Chausse-trapes (*fig.* 50). Les *chausse-trapes*
sont des assemblages de quatre clous réunis par l'une
de leurs extrémités et dont les quatre pointes seraient
les sommets d'un tétraèdre régulier. Disposés de
cette sorte, lorsque trois pointes reposent à terre, la
quatrième est toujours en l'air. On jette ces objets
dans les gués, en avant des contrescarpes, au pied des
contrescarpes, dans les prés. Ils sont fort à craindre
pour la cavalerie.

Les herses de laboureur sont utilement employées
pour embarrasser un gué. On les maintient au fond de
l'eau par des piquets ou des pierres.

80. Pour empêcher l'ennemi de pénétrer par la
gorge des ouvrages, on les garnit de palissades ou
de palanques, d'abatis ou de chevaux de frise, et
même de petits piquets. On laisse un espace libre,
qu'on ferme par une barrière (*fig.* 61) ; ou par un
cheval de frise, dont une extrémité repose sur un
pivot, et l'autre est supportée par une petite roue qui
roule sur des madriers disposés sur l'arc de cercle
que la roue doit parcourir.

81. Fougasses (*fig.* 60). On pratique quelquefois
en avant des ouvrages de petites *mines*, qu'on remplit de poudre, à l'effet de faire sauter le sol qui leur
est supérieur, au moment où l'ennemi y arrive. La
première application des fougasses fut faite par les
Polonais, devant Thorn, en 1659.

La fougasse s'établit au fond d'un puits carré, de

3 à 4ᵐ de profondeur, sur 0ᵐ,80 à 1ᵐ de largeur. Les poudres sont déposées dans une boîte goudronnée, pour éviter l'humidité. L'excavation **A**, qui reçoit la boîte, se nomme le *fourneau*, **AB** est la ligne de *moindre résistance*, et **AC** le *rayon d'explosion*. La distance **BD** doit toujours être égale, au moins, au double de la ligne de moindre résistance. L'explosion enlève les terres comprises dans l'*entonnoir* **CAK**. Les fougasses sont espacées entre elles du double du rayon d'explosion, pour que tout le terrain soit bouleversé. Le feu est communiqué aux poudres par un *saucisson* en toile goudronnée, rempli de poudre et placé dans un *auget* en bois; il débouche sur le terre-plein en **X**, et quelquefois dans le fossé.

82. Le feu se communiquant plus ou moins vite, le moment de l'explosion est très incertain, de sorte qu'il est fort rare que l'ennemi ait beaucoup à souffrir de ce moyen de destruction. Cependant il faut les employer chaque fois qu'on le peut, parce qu'elles agissent puissamment sur le moral des troupes et ralentissent beaucoup leur ardeur (1).

83. Des eaux (*fig*. 62). On emploie utilement les

---

(1) Voici un moyen empirique pour trouver la *charge* d'un fourneau dans un terrain ordinaire : multipliez par lui-même le rayon d'explosion exprimé en pieds; effacez le dernier chiffre à droite du produit, multipliez le nombre restant par le rayon d'explosion, toujours exprimé en pieds, et le produit fera connaître le nombre de *livres* de poudre dont le fourneau doit être chargé.

eaux à la défense des positions, en les retenant par des *digues*, à des distances plus ou moins grandes, d'après l'inclinaison du terrain. Si l'on appelle h la hauteur cherchée de la digue, d la distance horizontale jusqu'à la digue immédiatement en *amont ;* $\frac{1}{p}$ la pente du cours d'eau, 1ᵐ,80 la hauteur d'eau qu'on veut laisser en *aval*, 0ᵐ,50 la hauteur de la digue au-dessus de l'eau en *amont*, on aura l'équation suivante :

$$h = 1^m,80 + 0^m50 + \frac{d}{p}$$
$$h = 2^m,30 + \frac{d}{p}.$$

Cette formule déterminera aussi la distance qui doit séparer les digues, la hauteur de la digue étant donnée. On les multiplie assez pour ne pas leur donner plus de 4ᵐ de hauteur au-dessus du sol.

Le talus d'*aval* est à 45° (*fig.* 63), celui d'*amont* à $\frac{2}{1}$, la largeur supérieure 1ᵐ,30. Quand on a à craindre l'artillerie, on leur donne 4ᵐ d'épaisseur ; c'est aussi leur dimension lorsqu'elles doivent servir de passages.

On les recouvre de redans, flanqués de la rive opposée.

84. Quand on ne peut avoir 1ᵐ,81 à 2ᵐ,00 d'eau en avant d'une position, ou du front des ouvrages, on se sert de *blancs d'eau*. Un *blanc d'eau* est une inondation de 0ᵐ,25 à 0ᵐ,50. Cette défense est bonne lorsqu'on peut lui donner 50ᵐ de largeur. Avant d'étendre l'inondation, on creuse des *criques*, espèces de petits fossés, dont la profondeur est calculée pour que le fond soit à 2ᵐ au-dessous de la surface des eaux. Ces

criques rompent la marche des troupes. Les blancs d'eau sont rendus dangereux par les chausse-trapes qu'on y jette, les herses et les abatis qu'on y place.

On fait écouler le trop-plein de l'inondation par les deux extrémités des digues.

85. La plupart des défenses accessoires sont aussi anciennes que le monde. Les soldats romains ne marchaient jamais sans leurs *pieux*, qu'ils plantaient autour de leur camp, lorsqu'ils s'arrêtaient, pour passer la nuit sur la position qu'ils avaient choisie, et à plus forte raison lorsqu'ils devaient y camper quelque temps.

César employa des palissades au siége d'Alize. Voici comment il s'exprime dans ses *Commentaires*, en parlant de fossés : « Derrière ces fossés, on éleva un rempart de douze pieds de haut, garni d'un parapet à créneaux (espèce de *palanques*, *fig.* 64), et de gros *troncs d'arbres* plantés à la jonction du parapet et du rempart, afin d'empêcher l'ennemi de monter (ce sont nos *fraises*) : le tout était flanqué de tours, à 80 pieds l'une de l'autre.

La redoute que les Anglais avaient élevée sur le promontoire du Cair, qui bat la petite rade de Toulon et une partie de la grande, était admirablement garnie de *palissades* et d'*abatis*. Aussi n'est-ce qu'après trois attaques consécutives, dirigées par le chef d'escadron d'artillerie Bonaparte, que cet ouvrage fut enlevé. Les fossés de cette redoute étaient sans flanquements, de sorte qu'ils servirent trois fois de lieu de rassemblement à nos soldats repoussés des parapets. Le fort l'Eguillette fut bientôt pris et Toulon rendu.

Les faubourgs de la rive gauche de Dresde furent entourés d'une *palanque* en 1813. Canonnés le **26** août par les Alliés, ces *palanques* ne furent qu'endommagées; l'officier du génie (1) chargé de les examiner le lendemain, rapporte qu'il n'y eut de brèche nulle part.

Les exemples de l'emploi des défenses accessoires ne manquent point ; il n'est pas de siége, de bataille, de combat de poste, où l'on n'en ait fait usage. Nous voyons César employer les *abatis* devant Alize. Voici ce qui suit notre première citation dans ses *Commentaires:* « César donc jugea nécessaire d'ajouter encore quelque chose à ces ouvrages, afin qu'il fallût moins de monde pour défendre ses lignes. Ayant ordonné d'abattre des troncs d'arbres ou de *très fortes branches* qu'on polit et aiguisa par un bout, il fit faire un fossé de cinq pieds de profondeur devant les lignes, et l'on y planta ces pieux, *les branches en haut* (*fig.* 64) K. Ils étaient attachés ensemble par le pied, afin qu'on ne pût les arracher. Il y en avait cinq rangs liés ensemble et *entrelacés les uns dans les autres, de sorte que ceux qui s'y étaient engagés s'embarrassaient et se blessaient à ces branches pointues.*

Edouard III, Roi d'Angleterre, employa avanta-

---

(1) Le général Rogniat.

geusement des *abatis* à la bataille de Crécy, le 26 août 1346; ses troupes étant inférieures en nombre, il couvrit sa gauche par la forêt de Crécy; sa droite par le village de ce nom, des ouvrages en terre et des arbres *gisants* (1). Leur front demeurait libre, mais étroit, de sorte que l'armée française y devait perdre l'avantage du nombre. Tous les Français connaissent le résultat désastreux de la bataille de Crécy.

La bataille de *Fribourg* (2) offre une application en grand des *abatis*. La première position des Bavarois, de la gauche à la droite, était fortifiée de redoutes et de lignes continues brisées, couvertes d'*abatis*. Au centre, près de Saint-Georges, était une redoute occupée par 600 hommes, garantie également par des *abatis*. Enfin les deux routes qui traversent la forêt étaient interceptées par deux ou trois rangs d'obstacles pareils.

Cette première position, qui avait le défaut d'être trop étendue, fut enlevée. La seconde, également garnie d'abatis, mais plus resserrée, résista, et les Français durent battre en retraite.

A la bataille de *Fontenoy*, 11 mai 1745, la route qui traverse le bois de Barri avait été encombrée d'*abatis*; il y en avait aussi devant la gauche de l'armée

______

(1) Châteaubriand.
(2) Gagnée par les Bavarois, commandés par le feld-maréchal comte de Mercy, sur les Français, sous les ordres du duc d'Enghien et de Turenne, le 3 et le 5 août 1744.

française, en avant de la redoute dont nous avons parlé plus haut, page 48.

Le *siége d'Alize* nous donne l'exemple de l'emploi judicieux des *trous de loup*. César s'exprime ainsi à la suite de la description de ses abatis : « ....Au-devant on eut soin de creuser des fosses profondes de *trois pieds*, rangées en quinconce, plus étroites par le haut que par le bas (nous faisons le contraire). Là on planta des pieux ronds, durcis et pointus, qui ne sortaient que de quatre doigts; l'ouverture de la fosse était couverte de ronces et de broussailles pour cacher le piége (*fig.* 64) T. Il y avait huit rangs de ces fosses ainsi garnies, à trois pieds l'une de l'autre.

Les fameuses lignes de *Mayence*, composées de lignes continues, d'une perfection rare, au dire du maréchal Marmont, et les plus considérables qui aient été exécutées en ce genre dans les temps modernes, étaient couvertes par des ouvrages, redans ou lunettes, reliés entre eux par trois rangs de *trous de loup*.

Nous avons dit comment elles furent enlevées.

César mit tous ses soins aux retranchements qu'il construisit devant Alize, aussi y trouvons-nous une application de toutes les défenses accessoires. A la suite de sa description des trous de loup, on lit : « Au-devant de tout cela, César fit enfoncer des semelles de bois d'un pied de long, garnies de fer, ou des espèces de *chausse-trapes.* »

Enfin, dans ce siége mémorable, nous voyons César tirer parti des *eaux* pour augmenter la force de ses lignes. On lit dans ses *Commentaires :* « Il (César) fit faire deux fossés de quinze pieds de largeur, sur autant de profondeur, et l'on remplit, des *eaux* que l'on tira de la rivière, le fossé intérieur qui était dans la plaine et au pied des hauteurs. »

D'après les exemples que nous avons cités, on voit que les grands capitaines n'ont jamais dédaigné l'appui des défenses accessoires. Le brave Caulaincourt ne serait pas entré dans la grande lunette de Séménowskoé, à la Moskowa, si la gorge eût été garnie de palissades ou d'abatis.

Défilement.

86. Jusqu'à présent, nous n'avons considéré la fortification qu'en terrain horizontal. Cependant il arrive le plus souvent que l'ouvrage est *dominé* par des hauteurs situées dans la limite de la portée des armes, de sorte que si l'on ne modifiait pas le relief, les défenseurs de l'ouvrage seraient exposés aux coups de l'ennemi. L'opération par laquelle on parvient à modifier convenablement le relief, pour garantir les hommes, est ce qu'on nomme le *défilement*. En rase campagne, on donne $2^m,50$ de hauteur de ligne de feu, et le parapet doit couvrir les troupes, tant qu'elles se trouvent sur le terre-plein de l'ouvrage ; terre-plein qui ne s'étend pas au delà de la gorge. En conséquence, dans le défilement (*fig.*65), où nous supposons un seul mamelon, les coups tirés de la hauteur ne devront pas passer à moins de $2^m,50$ au-dessus de la

gorge K ; et comme l'ennemi, maître des hauteurs, aura pu y établir des ouvrages, il s'ensuit que ses coups de fusil pourront partir de différents points P, P′, P″, situés à $2^m,50$ au-dessus du sol. Parmi ces points, il y en aura un dont la position sera plus favorable pour plonger dans l'ouvrage. Pour le connaître, il suffit de réunir par une courbe tous ces points P, P′, P″, relevés de $2^m,50$, et de mener par le point K′ une tangente à la courbe ; le point de tangente D′, projeté en D, nous donnera le *point dominant*. Si l'on relève la masse couvrante jusqu'à ce que les lignes de feu soient dans la direction D′K′, le parapet A′, B′, C′ interceptera tous les projectiles qui auraient atteint les défenseurs placés sur le terre-plein, si le relief était resté ABC.

L'ouvrage est ainsi *défilé*. La droite D′K′ représente le *plan de défilement* qui passe par la gorge, relevée de $2^m,50$ en K′, et qui est tangent à la surface équidistante, formée par les différentes positions que peut occuper l'ennemi. Ce plan contient les lignes de feu de l'ouvrage.

Comme il est impossible, sur le sol, de mener un plan tangent à une surface équidistante qu'on n'aperçoit pas, on parvient à déterminer ce plan en remarquant que le plan mené par le point dominant D, et la gorge K est parallèle au premier, puisqu'il lui est équidistant. Ce second plan est dit *plan de site artificiel*. D'après ce que nous venons de dire, on voit que pour obtenir le *plan de défilement*, il faut d'abord mener le *plan de site* tangent au sol et le relever de $2^m,50$.

Défilement d'un ouvrage dont la gorge est horizontale (*fig.* 66).

87. Nous supposons la gorge AB horizontale, et le point *dominant*, situé dans l'angle formé par le prolongement des faces. Le terrain est représenté selon les règles de la topographie par des courbes horizontales équidistantes, cotées (9), (10), (11), etc.

Le *plan de site* est celui qui passe par la gorge de l'ouvrage et qui s'appuie sur le sol, dans la limite de la portée des armes, en laissant tous les autres plans tangents au-dessous de lui. C'est ce que montre la figure 65. La limite de la portée des armes est de 1200^m pour l'artillerie de campagne et pour les nouvelles armes portatives *à tige*.

Pour trouver ce *plan de site,* on fait passer par la gorge AB un plan qu'on fait tourner autour de cette droite comme *charnière.* Dans ce mouvement, ce plan vient s'appuyer successivement sur les courbes 10, 11, 12, etc., et dans ces différentes positions, il est coupé par les plans des sections, suivant les tangentes horizontales parallèles à la gorge. L'ensemble de ces tangentes constitue une *surface cylindrique* tangente au terrain, suivant la courbe H, I, L, M, N, D, à laquelle le *plan de site* est tangent. Si l'on coupe cette *surface cylindrique* et le *plan de site* par un plan, on obtiendra une courbe et une tangente qu'il sera facile de rabattre et de construire. Soit CT la trace du plan sécant, que nous prenons vertical et perpendiculaire aux projections des génératrices, pour simplifier les constructions. Ce plan coupe la surface cylindrique suivant la courbe G, E′, F′, R′, T′, que nous avons rabattue sur le plan horizontal et que nous avons construite au moyen des points E, F, R, dont les cotes sont connues (1). La tangente GT′ est la trace du plan de site sur le plan sécant. Le plan de site est donc tangent au cylindre, suivant la génératrice qui passe par le point T′ rabattu, et relevé en T, cette génératrice de tangence est la droite T′D.

Comme cette génératrice est tangente au terrain au point D, le *plan de site* sera tangent au sol en ce point. La cote du point D se détermine en menant par ce point la *normale* aux deux courbes et en la divisant en dix parties égales. On aura pour cote 18^m,40, et puisque ce plan passe par la gorge cotée 9^m, l'échelle de pente sera bientôt construite. On en déduira le *plan de défilement* en *relevant* ces cotes de 2^m,50.

Les cotes 11^m,50 et 20^m,90 serviront à diviser l'échelle de pente de ce plan.

88. Profils (2). Pour construire le profil en C perpendiculaire à la face droite, on arrête bien les points *m*, *n*, et assez éloignés du point C, pour que les

---

(1) Pour rendre plus sensibles les accidents du terrain, on peut doubler ou quadrupler les hauteurs verticales dans le rabattement.

(2) Pour que la figure soit plus lisible, on a fait les profils à l'échelle double.

différentes lignes de la masse couvrante puissent être tracées entre eux. $m'n'$ sont ces deux points rapportés sur le plan *zéro*. On commence par construire le *sol*, en élevant en $m'C'n'$ des verticales égales aux cotes m, C, n du sol; puis on indique le *plan de défilement*, en cherchant les cotes des points mn à l'échelle de ce plan, au moyen des horizontales qui passent par ces points et qui rencontrent l'échelle de pente en des points cotés 14^m et $12^m,60$; dimensions qu'on porte de n' en n'', de m' en m''.

$m''n''$ est le plan de *défilement*, et à $2^m,50$ au-dessous, on mène le *plan de site*. Prenant mc et portant cette dimension de m' en C', la verticale $C'x$ donnera en x la ligne de feu du profil. On construit ce profil en réglant les inclinaisons des différents plans par rapport au plan horizontal. Ainsi, la plongée à $\frac{6}{1}$ s'établit en portant sur l'horizontale $C'n'$ six fois la hauteur $C'x$. Sa rencontre en y avec la verticale Py, qui limite l'épaisseur du parapet, donne la crête extérieure. Le talus extérieur yS est à $45°$. Pour avoir le talus intérieur, on prend $C'j=\frac{1}{3}C'x$. Par le point o, à $1^m,30$ au-dessous de la ligne de feu, on mène la *banquette parallèle* au plan de défilement, et sa largeur est prise sur l'horizontale ba. La verticale ah donne la hauteur du talus de la banquette, dont la base est égale à $2\,ah$.

Le profil en B se construit de la même manière.

A l'inspection des deux profils, on voit que les largeurs de la banquette, du talus intérieur et du parapet sont les mêmes. Donc, des points C et B, on portera les dimensions Cb', Bb'' égales à $C'b$; $b'h$, $b''h'' = ab$;

CP′, BP″ = C′P. Le talus de banquette $h'd' = ad$; $h''d'' = fq$. Le pied du talus de banquette $d'd''$ n'est pas, comme on le voit, parallèle aux lignes précédentes.

Le talus extérieur $t't''$ s'obtient en prenant $P't' = Pt$; $P''t'' = ug$. C'est une oblique qui s'écarte de la masse couvrante à mesure que celle-ci s'élève.

La même chose se pratique pour l'autre face.

89. Pour effectuer les calculs du déblai au remblai, il faut connaître la hauteur de x au-dessus du sol. Le point C est coté 9ᵐ,90 sur le sol et 13ᵐ au plan de défilement ; donc, 13ᵐ—9ᵐ,90=3ᵐ,10 pour x. On en déduira y comme pour les profils ordinaires. On évaluera la surface de ce profil et on cherchera la largeur moyenne du fossé, la profondeur étant connue. On fera la même opération pour le profil en B.

Soient A le premier fossé et A′ le second (*fig.* 67) ; on fera le fossé moyen A″, et c'est ce fossé qu'on donnera aux deux profils de la figure 66. On projettera sur $m'n'$ les différentes dimensions du fossé et on les reportera sur le dessin, comme nous avons fait pour la masse couvrante.

Le fossé a partout la *même* dimension, pour que le flanquement soit toujours possible.

A l'extrémité de chaque face, il y a un profil en talus, dont la trace est parallèle à la gorge (*fig.* 68).

Défilement d'un ouvrage dont la gorge est inclinée
(*fig.* 69).

90. Soit l'ouvrage **ABD**. La gorge **AD** s'appuie sur le sol en **D** et doit être tangente en un autre point, qu'il n'est pas facile de reconnaître de prime abord. Aussi faut-il couper le sol par un plan vertical passant par **AD** prolongée et construire la courbe d'intersection en la rabattant sur le plan horizontal. La tangente **D'E** à cette courbe représente la gorge rabattue ; le point de tangence **E** relevé tombe sur la courbe 14, de sorte qu'il est facile de coter cette droite.

Par chaque point de division, on mène une tangente à la section de même cote. Il en résulte une surface gauche ; et la génératrice qui fait *le plus petit angle* avec la gorge en projection horizontale est l'horizontale du plan tangent à la surface gauche et au terrain.

Nous allons prouver que l'horizontale 15, qui fait *le plus petit angle* avec la gorge **DE'**, appartient à un plan qui laisse tous les autres au-dessous de lui. En effet, la projection de l'horizontale 15 prolongée, coupant celle de l'horizontale 14 au point **C**, le plan qui passe par cette dernière est inférieur d'un mètre, en ce point, au plan qui passe par l'horizontale 15. On ferait le même raisonnement pour les horizontales 13, 12, 11, etc.

Voyons les horizontales supérieures. La projection de l'horizontale 16 coupe celle de l'horizontale 15 au point **K**, donc le plan mené par l'horizontale 16 est supérieur d'un mètre, en ce point, au plan qui passe par l'horizontale 15. Mais les deux plans passent par la gorge DE'; donc le plan 15, qui est inférieur au plan 16 du côté **K**, lui est supérieur du côté **C**, et le laisse au-dessous de lui. Par conséquent, le plan tangent au terrain, déterminé par l'horizontale 15, satisfait à la question.

Le point **P** est le *point dominant*; la perpendiculaire à PC donne la direction de l'échelle de pente, qu'on divise facilement en menant des parallèles à PC par chacun des points de division de la gorge E'D.

Le reste comme il a été démontré précédemment.

Cas qui nécessite une traverse (*fig.* 69).

91. Lorsque le point dominant est situé au dehors de l'angle formé par les prolongements des faces, comme il arrive dans la figure 69, les défenseurs de la face **BD** sont pris à dos par les feux du point dominant **P**. Pour parer à cet inconvénient, on établit dans l'intérieur de l'ouvrage une *traverse* en terre, dite *parados*, à laquelle on donne de un à trois mètres, suivant la résistance qu'elle aura à opposer. Cette traverse doit couvrir les défenseurs de la face **BD**; elle remplira cette condition, si elle s'élève de 2^m au-dessus du plan mené par le pied du talus intérieur de cette face, tangentiellement au terrain. Pour résoudre ce problème, on prolonge le pied du talus intérieur, et comme cette droite est à $1^m,30$ au-dessous du plan

de défilement, il est facile de coter deux de ses points et de la diviser entièrement. Puis on répète exactement l'opération que nous venons de décrire, pour connaître l'horizontale du plan tangent passant par cette droite. L'horizontale 19 de cette nouvelle surface gauche détermine le plan tangent. L'échelle de pente NM de ce nouveau plan une fois connue, on cherche dans ce plan les cotes T et Z, qu'on trouve égales à $9^m,40$ et $8^m,45$. En les augmentant de 2^m, on a les cotes de la partie supérieure de la traverse, et si l'on en soustrait les cotes correspondantes du sol, on a sa hauteur.

La longueur BZ se déduit en joignant le point extrême D au point dominant P.

Défilement des lignes.

92. Dans les lignes continues, la limite du défilement est portée à 20 ou 30^m en arrière des courtines, pour couvrir la circulation des troupes ou celles qui défendent les courtines.

Si une ligne continue traverse une vallée, on a soin de reculer cette partie, pour éviter les feux plongeants.

Dans une ligne à intervalles, les ouvrages sont défilés des hauteurs et du parapet des ouvrages en avant.

Ouvrages fermés.

93. Soit une redoute (*fig.* 70) à défiler d'une hauteur H.

On défilera la partie **ABC** comme on défile un redan, ayant **AC** pour gorge. La partie **ADC** sera établie avec la hauteur du parapet qu'on désire, et pour
garantir ses défenseurs des feux de revers, on placera
une traverse suivant la diagonale **AC** et on en déterminera le relief en faisant passer par le pied du talus
intérieur de **AD** un plan tangent au terrain **H** ; par le
pied du talus intérieur de **CD**, on mènera aussi un
plan tangent au sol. Ces deux plans couperont le plan
vertical de la traverse **AC**, suivant deux droites inclinées **EE′**, **FF′** ; ces droites relevées de 2^m donneront
le relief de la traverse.

94. S'il y a deux hauteurs **H** et **H′** (*fig.* 71), on défile **TABK** de **H**, et **TCDK** de **H′** ; puis par le pied du
talus intérieur de la face **AB**, on mène un plan tangent à la hauteur **H′** ; par le pied du talus intérieur de
la face **CD**, on fait passer un plan tangent à **H** ; celui
de ces deux plans qui donne un plus grand relief à la
traverse satisfait au défilement des deux banquettes.
En relevant cette droite de 2^m, on aura le vrai relief
de la traverse.

Cette traverse a le grand inconvénient de diviser
en deux fractions les défenseurs d'un ouvrage. Pour y
remédier, on pratique sous la traverse un passage de
$1^m,50$ à 2^m de largeur, quand il ne doit servir qu'à
l'infanterie, et de 3^m pour l'artillerie, sur une hauteur
de 2^m.

La figure 72 représente un de ces passages. De
mètre en mètre, il y a des châssis pour soutenir les
planches du ciel et celles des parties latérales. La fi-

gure 73 représente un de ces châssis. Il faut au moins un mètre de terre au-dessus du ciel du passage, pour qu'il résiste à la chute des projectiles.

Tracé des ouvrages en terrain horizontal; Profilement.

95. Supposons d'abord, par exception, un ouvrage non défilé et situé sur un *terrain horizontal*. On fait (*fig.* 74) le profil de l'ouvrage qu'on veut construire, on calcule les dimensions du fossé et on le cote complétement. Puis on réunit tout ce qui est nécessaire au *tracé*. Il faut, par exemple, pour le cas que nous examinons :

Des perches de $3^m,50$;
Des jalons de $2^m,00$;
Des lattes de $4^m,00$;
Des lattes de $2^m,00$;
Des clous, des marteaux, des tenailles ;
Une petite échelle (on peut à la rigueur s'en passer);
20 mètres de petite ficelle ;
Un cordeau de 50 mètres de longueur ;
Deux amorçoirs ;
Des maillets;
De petits piquets de $0^m,60$;
Une scie ;
Un mètre divisé;
Un fil à plomb.

Dans le cas du défilement, il faut des perches de

4^m,50 à 5 mètres, et de plus un niveau de maçon
(*fig.* 80) (1).

Arrivé sur le terrain (*fig.* 75), il faut planter une perche au saillant C. Le trou est pratiqué par l'amorçoir (*fig.* 76), qu'on enfonce à coups de maillet. L'amorçoir enlevé, on plante la perche verticalement, en se servant du fil à plomb, et on la maintient dans cette position au moyen de deux petites lattes clouées à des piquets (*fig.* 77). L'ouverture de l'angle saillant de l'ouvrage est donnée par un triangle en corde, dont les côtés sont équilatéraux et d'une longueur de 4 à 5 mètres (*fig.* 78). On a ainsi des *angles de* 60°; divisant AC en deux, et y plaçant un morceau de papier, on a deux *angles droits* ADB, CDB; deux angles de 30° ABD, DBC; et même de 15°, ce triangle donne la possibilité de faire des angles de 60°, 75°, 90°, 105°, 120°, 135° et 150°.

On place le sommet de l'angle contre la perche, au point C, on dispose les faces perpendiculairement aux directions dans lesquelles elles doivent porter leurs feux. On plante deux piquets aux points P et R, puis on prolonge ces directions au moyen du grand cordeau, et on donne aux faces les longueurs voulues. A l'extrémité A, on plante une seconde perche. Les perches d'une même face doivent être dans un même plan vertical.

De même pour CB.

---

(1) Le niveau de maçon, comme on sait, sert à régler les inclinaisons à $\frac{1}{1}$, à $\frac{2}{1}$, à $\frac{6}{1}$ et à $\frac{1}{8}$, et donne l'horizontale.

Pour avoir sur le sol le *tracé* de l'ouvrage, d'après les dimensions du profil (*fig.* 74), on construit deux profils sur chaque face.

A cet effet, on porte sur la trace horizontale Ai, C'j, des longueurs Ab, C'b'=3 mètres ; ba, $b'a'$=2 mètres. La banquette et le talus de banquette se déterminent par le même procédé. On plante des perches ou des jalons aux points b, v, x, y.

Sur un terrain horizontal, les profils s'élèvent facilement. On coupe la perche A (*fig.* 79) à $2^m,50$ au-dessus du sol, et la perche b à 2 mètres, et on les réunit par une latte assujettie par deux clous à chaque extrémité. Le talus extérieur à 45°, s'établit en portant sur le sol une dimension égale à la hauteur ; on cloue une latte àla crête extérieure et on l'arrête au pied sur un petit piquet. A $1^m,30$ au-dessous de la ligne de feu, on établit la banquette horizontalement. Puis on prend $0^m,43$ pour la base du talus intérieur, et on y place une latte. Pour le talus de banquette, on prend la base égale à deux fois la hauteur et la latte est clouée à un petit piquet.

Quand le terrain n'est pas horizontal, **on se sert du *niveau de maçon* pour trouver toutes ces inclinaisons.** (Voir art. 98.)

En prolongeant les droites bb', aa', $d'd$, $e'e$, on détermine la position du profil à construire **en capitale**, dont les cotes de hauteur sont les mêmes ici, mais dont les dimensions horizontales sont plus grandes.

Défilement pratique (*fig.* 81).

96. Après avoir tracé la position de la ligne de feu d'un ouvrage sur le sol, comme il vient d'être expliqué, on plante des perches aux angles B, C, D, et aux extrémités des flancs A, E, ainsi qu'aux points O, F, G, H, I, P, où l'on veut élever des profils. Puis on établit sur la gorge une règle ST, qu'on cloue à deux piquets enfoncés dans le sol de manière que cette règle ne soit qu'à quelques centimètres au-dessus du terrain. Cette règle représente la gorge, inclinée ou non, on n'y prend pas garde. Dans l'ouvrage et à quelques pas de la gorge, on plante deux jalons K, L, contre lesquels on appuie une règle KL, qu'un sous-officier X met dans le plan de la droite ST, en interpellant l'homme en K ou en L, pour faire lever ou baisser celui de ces points qui est trop bas ou trop haut, ou les deux s'il le juge à propos. Pendant cette opération, un sous-officier couché en R, dirige son rayon visuel dans le plan des droites ST et KL, et fait baisser ou lever la droite KL jusqu'à ce que ce plan soit tangent à la hauteur M. Dans les différents mouvements de KL, l'homme X a soin de maintenir cette droite dans le plan de la gorge. Ce plan étant reconnu tangent au mamelon M, on cloue la règle KL aux jalons K, L. L'homme X se retire, et le défileur R défile l'ouvrage au moyen de ce *plan de site artificiel.*

97. Pour défiler cet ouvrage, il suffit de déterminer l'intersection du plan de site avec les perches que nous avons plantées en C, G, F, H, etc. Pour cela, l'homme R mène dans le plan de site le rayon RC; on suppose que ce rayon coupe la perche en i (*fig*.82). Pour conserver la trace de ce passage, on envoie d'avance en C un homme muni d'un morceau de papier qu'il entortille autour de la perche; le défileur avertit cet homme par un signe de lever ou de baisser le papier P, et lorsque la partie supérieure arrive en i, il fait signe d'arrêter. Il en fait autant pour la perche F, H et I. On peut clouer ce papier pour éviter qu'il ne glisse.

Si la direction RI ou RF se trouvait en dehors de KL, comme RD, on pourrait trouver le passage du plan de site sur la perche D, en se portant en C, et en prolongeant la droite déterminée par les deux points d'intersection du plan de site et des perches C, H; ce prolongement irait rencontrer la perche D en un point.

Pour avoir le plan de site sur la perche P, il faut d'abord déterminer son passage sur la perche E. A cet effet, l'homme R se place en S, prolonge la droite ST, et obtient le plan de site sur la perche E. Se transportant en E, il met son œil au point qu'il vient d'obtenir et vise le point de la perche D qu'il a eu précédemment; ce rayon visuel rencontre la perche P en un point qui appartient au plan de site. On ferait de même pour la perche O.

Le plan de site étant indiqué sur chaque perche, il suffit d'ajouter $2^m,50$ pour avoir le plan de défilement.

98. PROFILEMENT (*fig.* 83). L'ouvrage (*fig.* 81) étant tracé et défilé, on procède au *profilement*, en construisant sur chaque face deux profils. Le premier en F, se construit de la manière suivante : on scie là perche F′ (*fig.* 83) à la hauteur du plan de défilement, puis on fixe une latte en F‴ par *un seul* clou. On appuie cette latte contre la perche N′, et après avoir posé le *niveau de maçon* dessus, on l'incline jusqu'à ce que le fil passe par la division $\frac{6}{1}$ qu'on veut avoir. On marque sur la perche N′ l'endroit où la latte doit être clouée, puis on retire le niveau de maçon. On maintient l'extrémité N″ par un clou ou deux.

Le talus extérieur est formé par une latte qu'un homme tient en N″ et dont l'extrémité repose sur le sol, on applique le niveau de maçon comme l'indique la figure 83, et l'on donne plus ou moins de base à ce talus pour que le fil à plomb passe par la division $\frac{1}{1}$. Alors on arrête la partie supérieure en N″ par deux clous, et l'extrémité *e* est consolidée par un piquet auquel elle est clouée.

Avant de s'occuper du talus intérieur, il faut chercher la position de la banquette qui doit être *parallèle* au plan de défilement. Pour cela, le défileur se porte en R, mène un rayon visuel dans le plan de site STKL, et l'intersection de son rayon visuel avec les jalons V et Z plantés sur la trace des profils, à des distances égales à $0^m,43 + 1^m,20$, donne le passage du plan de site sur ces jalons ; et comme la banquette est à $1^m,20$ au-dessus du plan de site (en supposant le plan de défilement à $2^m,50$), on portera sur V′ une quantité égale à 1^m,20 à partir du point x qui appartient au plan de site. En ce point V'' on clouera une latte qu'on fixera en F'', qui est à 1^m,30 au-dessous de la ligne de feu, ou à 1^m,20 au-dessus du plan de site.

Pour le talus intérieur, on placera une latte en F''', où elle sera fixée par *un seul* clou, afin qu'elle puisse prendre plus ou moins de base, pour atteindre l'inclinaison à $\frac{1}{3}$ donnée par le *niveau de maçon*.

Pour le talus de banquette, on place une latte contre V'', et on lui donne plus ou moins de pente pour que le *niveau de maçon* passe par la coche $\frac{2}{1}$. On cloue une des extrémités de la latte en V'' et l'autre à un piquet planté dans le sol.

On scie tous les bois qui dépassent le profil.

99. L'essentiel, dans le profilement d'un ouvrage, est de bien établir le premier profil sur chaque face.

Le second profil se construit par *dégauchissement*. *Dégauchir*, c'est mettre deux droites dans un même plan.

Pour construire le second profil en G, on plante les perches et les jalons comme pour le premier. On coupe la perche G à la hauteur du plan de défilement. Au sommet de cette perche, on fixe une latte par *un seul* clou, et on l'incline plus ou moins jusqu'à ce qu'elle soit dans le plan de la plongée du premier profil déterminée par la latte F'''N''. Le profileur est dirigé dans cette opération par un homme placé en g, dans le prolongement du plan de la plongée. On arrête cette plongée par deux clous. On obtient le talus extérieur en appuyant une des extrémités de la latte sur la crête extérieure, et en augmentant ou diminuant la base de ce talus, on parvient à mettre cette latte dans le plan de la première $N''e$, ce dont on est averti par un homme placé dans le prolongement de ce plan. Ainsi de suite pour le talus intérieur, la banquette et le talus de banquette.

Les deux profils de la face CD s'élèvent d'après le même procédé.

Cela fait, on détermine le *profil en capitale*, en plaçant une perche en C' à la rencontre du prolongement des lignes Nm, $l'H'$. La plongée CC' est arrêtée en C par *un* clou et *dégauchie* dans le plan de chaque plongée. On la cloue en C' et le talus extérieur est *dégauchi* également dans le plan des deux autres. Même procédé pour le talus intérieur, la banquette et le talus de banquette.

Le *profilement* achevé, on passe à la répartition des travailleurs pour le *terrassement*.

Répartition des travailleurs.

100. Pour remuer les terres, on se sert de pioches et de pelles. Le rapport des *piocheurs* aux *pelleteurs* dépend de la nature des terres. Pour connaître ce rapport, on fait piocher un homme pendant a minutes, puis on compte le nombre b de minutes qu'il faut à un *pelleteur* pour enlever les terres piochées. et $\frac{b}{a}$ indique le nombre de *pelleteurs* nécessaire pour un *piocheur*. Dans une terre ordinaire, il faut *deux pelleteurs* pour un *piocheur*. Pour que les pelleteurs ne se gênent pas, on les espace de $1^m,50$ à $2^m,00$. On établit

donc dans le fossé un piocheur et deux pelleteurs, pour chaque atelier de 3 à 4 mètres de longueur. De plus, l'expérience ayant démontré qu'un homme peut jeter une pelletée de terre à 4 mètres de distance horizontale et à $1^m,60$ seulement de distance verticale, il faudra dans chaque atelier des relais de deux pelleteurs de 4 en 4 mètres, et de $1^m,60$ de distance verticale, quand le fossé acquiert de la profondeur; et de plus un *régaleur* et un *dameur* pour deux ateliers.

101. Pour connaître le nombre des ateliers, on divise le développement de la ligne de feu (*fig.* 84) par 3 ou 4, et l'on obtient le nombre d'ateliers à établir. On divise la contrescarpe en un nombre égal de parties et l'on joint ces points de division *id*, *je*, *kf*, etc. L'on répartit les travailleurs comme l'indique la figure 85. Un piocheur et deux pelleteurs sur le fossé, et à une distance de l'escarpe telle, qu'en s'enfonçant d'un mètre, on ne puisse entamer ce talus. La distance xy dépend donc de l'inclinaison de l'escarpe. Le travail s'enfonce par couche d'un mètre. A un mètre de profondeur, le piocheur se place au point y', de manière que $x'y'=xy$, et s'enfonce encore d'un mètre, ainsi de suite.

Deux pelleteurs B, à 4 mètres du piocheur et des pelleteurs A, rejettent les terres aux pelleteurs C, qui les lancent au *régaleur*. Celui-ci les répand par couche de $0^m,20$ à $0^m,30$, et le *dameur* les bat fortement pour diminuer le *foisonnement* et donner de la consistance aux terres.

La figure 84 représente la disposition des travailleurs de l'atelier *idej*. Un pelleteur enlève 8 mètres cubes de terre dans sa journée de 10 heures, et **12** mètres lorsqu'il est á la tâche.

Arrivé à la profondeur du fossé, on recoupe les gradins de contrescarpe, puis ceux d'escarpe. **A mesure** que le remblai s'élève, on peut revêtir le talus *intérieur*, soit de *gazons*, de *claies* ou de *fascines*. C'est le seul talus dont les terres aient besoin d'être soutenues.

Revêtements.

102. Revêtements en gazons (*fig.* 86). Les meilleurs gazons sont ceux à brins fins, bien fournis. On les fauche de près avant de s'en servir. On leur donne de $0^m,35$ de longueur, $0^m,30$ de largeur et $0^m,12$ d'épaisseur. On les retaille à *pied d'œuvre*, et ils ont alors $0^m,30$ de longueur, $0^m,25$ de largeur et $0^m,10$ d'épaisseur; plus grands, il serait difficile de les manier sans les briser. On compte 45 gazons par mètre courant de talus intérieur, et on en enlève un dixième en sus pour les déchets.

Avant de lever les gazons, on divise le terrain en bandes de $0^m,30$ de largeur, au moyen de cordeaux. Puis un homme coupe ces bandes avec une pelle bien affilée qu'il dirige et que deux hommes tirent avec une corde attachée à la douille de la pelle.

Un are de pré produit 950 gazons.

Un homme adroit, aidé de deux travailleurs, coupe et lève 1400 gazons par journée de dix heures. Deux

6.

hommes chargent et deux autres déchargent les brouettes qui ne peuvent contenir que 4 gazons. Un rouleur peut faire 450 voyages par jour, à un relais de 30 mètres, et transporter 1800 gazons.

Un homme intelligent ne peut faire que 6 mètres carrés de revêtement par jour. On place les gazons l'herbe en dessous pour faciliter la recoupe. On dame bien les terres et les gazons et on a soin de les tenir en pente vers le remblai, pour ménager le talus au tiers et leur donner plus de solidité.

On recoupe les talus de quatre en quatre assises.

On relie les gazons par des piquets de $0^m,30$ de longueur. Il en faut une quinzaine par mètre carré.

103. REVÊTEMENT EN GAZONS DE PLAT. On peut appliquer les gazons contre le talus, l'herbe en dehors. Ce procédé est plus expéditif et s'il est bien soigné et arrosé pendant le travail, le gazon reprend parfaitement et dure fort longtemps. Un travailleur, aidé d'un manœuvre, en fait 20 mètres carrés par jour.

Il faut 13,33 par mètre carré, ou 15 à cause du déchet. Chaque gazon est maintenu par deux piquets.

104. REVÊTEMENTS EN FASCINES (*fig.* 87). Les fascines sont de gros fagots de menus branchages, de 3 à 4 mètres de longueur sur $0^m,22$ de diamètre. Elles sont reliées par des *harts* espacées de $0^m,50$ en $0^m,50$, et les dernières à $0^m,25$ des extrémités. Le premier rang de fascines se pose dans une rigole de $0^m,12$ à $0^m,15$, creusée au pied du talus intérieur, les nœuds des harts tournés du côté du terrassement. On maintient chaque fascine par 3 piquets de $0^m,80$, celui du milieu est enfoncé perpendiculairement au talus, les deux autres sont verticaux. Le deuxième rang se pose sur le premier, mais incliné sur le remblai pour conserver le talus. Le milieu des fascines du second rang est posé sur les joints des fascines du premier. On apporte dans la pose du second rang de fascines les mêmes soins que pour le premier. Le troisième rang est maintenu, comme les deux premiers, au moyen de piquets ; de plus, il est retenu par des harts de *retraite*, dont les piquets sont enfoncés dans la masse couvrante, au delà du prisme d'éboulement des terres. On obtient ce prisme ACF en menant par le pied du talus intérieur une droite AC inclinée à 45°.

Si le parapet à revêtir existe déjà, on applique les fascines contre le talus intérieur, et on les y retient par des piquets. Les harts de retraite sont alors remplacées par un gros piquet qu'on appuie contre les fascines et qui est relié à la masse couvrante par deux harts attachées à un fort piquet planté dans les terres du parapet, ce qui oblige à faire des tranchées de distance en distance.

Trois hommes font **25** mètres carrés de revêtement par jour.

105. Revêtement en clayonnage (*fig.* 88). Pour clayonner sur place à mesure que le parapet s'élève, on plante des piquets suivant l'inclinaison du talus à revêtir. On les espace de 0^m,30 et on les enfonce d'autant. On clayonne avec des gaules flexibles, des bois souples, en les entrelaçant et les recroisant. Arrivé à moitié de la hauteur, on relie les piquets à la masse couvrante par des harts de retraite, espacées de **2** mètres. Puis on continue jusqu'à quelques centimètres au-dessous de la ligne de feu ; là on répète cette opération, et on relie les gaules de 0^m,50 en 0^m,50, pour empêcher le clayonnage de se défaire.

Deux hommes peuvent faire 35 à 40 mètres courants de revêtement de talus intérieur.

Lorsqu'on emploie les *claies* faites d'avance, ayant **2** mètres de longueur, il faut que chaque *claie* soit arrêtée à chaque extrémité et au milieu par deux harts de retraite, l'une à moitié de la hauteur, l'autre à quelques centimètres du sommet.

Quand le revêtement a lieu après la construction du parapet, on retient les claies au moyen de forts piquets à tête crochue, enfoncés de mètre en mètre perpendiculairement au talus.

Têtes de pont.

106. Le passage des rivières est une opération de tactique que nous n'entreprendrons pas de décrire.

On choisit généralement pour point de passage l'endroit où la rivière fait un coude, qui présente sa convexité du côté de l'armée qui veut franchir le fleuve. Cette position (*fig.* 89) offre à l'assiégeant l'avantage de pouvoir concentrer ses feux sur la rive ennemie, pour en éloigner les défenseurs. Cette rive est ordinairement plus élevée que l'autre, ce qui permet de dominer le terrain occupé par l'ennemi. Après une vive canonnade, des troupes passent en bateaux pour faire le coup de fusil ; elles sont suivies de travailleurs qui, sous la direction d'officiers du génie, construisent un ouvrage dont la capacité varie avec le nombre de ponts à couvrir. Pendant ce travail, les pontonniers jettent le pont.

Une *tête de pont* est donc un ouvrage destiné : 1° à couvrir un ou plusieurs ponts qui servent de ligne de communication à une armée; 2° à les garantir contre les partis ennemis qui peuvent se glisser sur les derrières de l'armée; 3° à les conserver pour procurer à une armée battue les moyens de repasser une rivière.

Il y a trois espèces de têtes de pont : 1° les petites : 2° les moyennes, 3° les grandes.

107. On emploie les petites têtes de pont pour couvrir un seul pont. Les ouvrages dont on se sert sont : le *redan*, la *lunette* et la *queue d'aronde*.

Le premier de ces ouvrages (*fig.* 90) convient quand la rive est courbe, parce que les faces du redan battent parfaitement les abords de la gorge, le long de la rive. Avec une rivière en ligne droite (*fig.* 91), le redan ne battrait que très obliquement la rive, aussi lui préfère-t-on la lunette, dont on dirige les flancs de manière à obtenir un flanquement parfait. La queue d'aronde (*fig.* 92) est utile lorsqu'on veut renfermer un grand espace dans la tête de pont.

108. Les *passages* sont établis dans les parties rentrantes A et C, pour que les troupes, en se retirant devant l'ennemi, démasquent les feux de l'ouvrage qui doit les soutenir. Dans les petites têtes de pont, des passages de 4 à 6 mètres suffisent. On arrête donc les extrémités A et C des ouvrages à cette distance de la rive; et pour que l'intérieur ne soit pas aperçu de la campagne, on établit une traverse assez en arrière pour laisser un passage de 4 à 6 mètres entre son talus extérieur et celui de la banquette du retranchement. La traverse doit intercepter les coups de feu tirés d'un point x pris sur la rive à 200 mètres de l'ouvrage et passant par le point C. Voir la figure 96 pour les détails d'un passage.

La distance de l'ouvrage au pont doit être de 50 mètres au moins, pour que de deux troupes qui se rencontrent dans leurs mouvements, l'une puisse se serrer en colonne sur le côté du pont pendant que l'autre défile (1).

Du côté de la rive amie, on garantit l'entrée du pont par un petit redan y en palissades, et mieux en *palanques.* Ces palissades ou palanques sont prolongées dans la rivière jusqu'à *deux mètres* de profondeur d'eau, pour qu'on ne puisse les tourner.

Les fossés de la tête de pont sont palissadés, pour éviter les surprises, et ils sont flanqués par des batteries mm, entourées de palanques pour abriter les canonniers. La figure 99 donne les détails d'une de ces batteries.

109. Les têtes de pont sont les ouvrages les plus importants de la fortification passagère; on les fortifie le plus possible de défenses accessoires, telles que

---

(1) Un régiment à trois bataillons occupe 50 mètres de profondeur, en colonne serrée par division.

abatis, trous de loup, palissades, fraises, etc., pour les mettre à l'abri d'une insulte.

110. Estacades. L'ennemi cherche quelquefois à détruire les ponts, en abandonnant à eux-mêmes des bateaux fortement chargés pour augmenter la force du choc ; ou bien des *brûlots*. On appelle *brûlot*, un bateau rempli de matières incendiaires, qu'on allume au moment de le lancer, ce bateau porte un mât qui arrête le *brûlot* sous le pont. Pour mettre le pont à l'abri de ce danger, on construit, à 1,000 mètres en avant, des *estacades* et l'on établit à proximité des postes d'observation pour faire échouer ces moyens de destruction. Les estacades sont *fixes* ou *flottantes*. Une *estacade fixe* est composée de pilots, consolidés à fleur d'eau par des cordages ou des chaînes ; quand une *estacade* est *flottante*, elle est formée de corps d'arbres flottants, réunis aussi par des cordages ou des chaînes.

L'estacade est placée obliquement dans la rivière, sous un angle de 22° avec le courant, pour présenter moins de résistance au choc des corps flottants.

Les têtes de pont sont garnies d'artillerie, établie au saillant sur une barbette, mais comme les têtes de pont sont toujours défilées, il en résulte une modification dans la construction de cette barbette.

111. Barbette d'un ouvrage défilé (*fig.* 98). Soit ABC l'angle de l'ouvrage défilé, dont le saillant est coté $3^m,10$ et la gorge 2^m. On établit l'échelle de pente du plan de défilement. Le pan coupé MN, déterminé comme il a déjà été expliqué pour la redoute (*fig.*34), a pour cote 3^m.

La plate-forme étant horizontale et le plan de défilement étant incliné, on voit que les canonniers à la queue de cette plate-forme seraient moins couverts que ceux placés près du pan coupé. Pour les garantir également, on fait passer par le point M une nouvelle ligne de feu horizontale et située dans le talus intérieur. Pour avoir sa direction, on prend la différence de cotes entre m et A, et de ce dernier point comme centre, on décrit un arc de cercle avec un rayon égal au *tiers* de la différence de cotes, puisque le talus intérieur est au *tiers*; au demi s'il était incliné au demi; en un mot avec un rayon égal à la différence de cotes divisée par le dénominateur, quand l'inclinaison est moindre que $\frac{1}{1}$; quand elle est égale ou supérieure à l'unité, comme $\frac{2}{1}$, $\frac{3}{1}$, $\frac{6}{1}$, on multiplie la différence de cotes par 2, par 3, par 6, etc.

La droite Mq est arrêtée à la tangente qr menée perpendiculairement à Mq. Cela fait, on détermine l'intersection MT des deux plans à $\frac{6}{1}$ par les horizontales o, ou deux autres de même cote.

L'intersection zh de la plongée du pan coupé avec le talus extérieur s'obtient par l'intersection des traces de ces plans d'une part; pour avoir un second point, il faut prendre dans chaque plan une horizontale de même cote, et déterminer leur intersection. Soient les horizontales cotées 2^m, dont l'intersection e donne le second point; ze est la droite cherchée qui se termine en h. Mais h est un point de talus extérieur avz, ce point appartient aussi à la nouvelle plongée qMh, donc c'est un point de leur intersection. Pour avoir un second point, on ne peut pas se servir ici des horizontales de même cote, parce que ces droites étant presque parallèles, il serait assez difficile de déterminer bien exactement leurs intersections. On se sert alors d'un plan sécant vertical dont la trace ij est quelconque. On rabat : le point k' tombe en k, ki est la plongée rabattue ; le point l du talus extérieur tombe à une distance ll' égale à sa hauteur verticale, cette hauteur se trouve à l'échelle cd au moyen de l'horizontale menée par le point l ; pl' est le talus extérieur rabattu, cette droite prolongée coupe la plongée en un point m qui relevé devient m'. $hm'u$ est donc la crête extérieure de la nouvelle plongée.

L'extrémité de la barbette est terminée par un talus à $\frac{1}{1}$, passant par le point q. St est la trace de ce plan parallèle à qr. qu est la limite de la plongée donnée par qS ; v et u font connaître le talus extérieur et par suite nu. Le nouveau talus intérieur qn' s'obtient par l'intersection St avec la trace x du talus intérieur sur le sol.

Le reste comme pour les barbettes de la redoute.

112. **Batterie** (*fig.* 99). On établit sur la rive amie des batteries pour flanquer les fossés de la tête de pont. Ces batteries sont placées derrière des épaulements percés d'embrasures.

On appelle *épaulement* ABCD, la masse couvrante d'une batterie ; *embrasure*, une échancrure pratiquée dans un épaulement pour donner passage à la volée d'une pièce ; *directrice* d'une embrasure, la projection horizontale de l'axe d'une pièce en batterie. La partie de l'épaulement comprise entre deux embrasures se nomme *merlon*. La plongée est à $\frac{10}{1}$, et le talus intérieur aux $\frac{2}{7}$.

113. EMBRASURE DIRECTE. L'embrasure se construit de la manière suivante : Dans le profil (*fig.* 100), on prend un point d'' situé à $0^m,80$ au-dessus du sol; par ce point on mène un plan à $\frac{10}{1}$. La droite $d''e''$ représente le *fond* ou *glacis* de l'embrasure. On appelle *hauteur de genouillère* la partie du talus intérieur comprise entre le point d'' et le sol. On projette horizontalement les intersections d'' et e'' en dd' et ee'. L'ouverture intérieure dd' pour les pièces de campagne est de $0^m,45$ et $0^m,60$, pour les obusiers. Elle est limitée par deux droites, da, da', lignes de plus grande pente du talus intérieur.

Pour avoir l'ouverture extérieure, on porte 6 mètres sur la directrice, au point c on élève une perpendiculaire, et on prend $cb = cb' = 1^m,50$; on joint db, $d'b'$, et la rencontre de ces droites avec le talus extérieur donne ee'. Le quadrilatère $dd'e'e$ est le fond de l'embrasure. Les parties latérales de l'embrasure, dites *joues*, sont composées de *surfaces gauches*. L'une de ces surfaces est engendrée par la droite de, qui se meut parallèlement au fond de l'embrasure, en s'appuyant sur la droite da, et sur une droite ef, qui provient de l'intersection du talus extérieur, avec un plan au tiers passant par la droite de, qui limite d'un côté le fond de l'embrasure.

Pour trouver la droite ef, on fait passer par $de, d''e''$, un plan au tiers ; à cet effet, on cherche la trace g' de cette droite. et par ce point on mène une tangente à une circonférence décrite du point d comme centre avec un rayon égal au tiers de la cote de ce point. Cette tangente est la trace du plan au tiers. Elle rencontre le talus extérieur en h. Ce point appartient donc à l'intersection des deux plans, et comme elle doit passer par le point e ; la droite hef est l'intersection cherchée ; ef est alors l'intersection de la joue gauche avec le talus extérieur, et af celle de cette joue avec la plongée.

On arriverait plus promptement à déterminer le point f en prenant ff'', égal au tiers de lk, qui est la hauteur de la crête extérieure au-dessus du fond de l'embrasure. Ce procédé est moins exact, mais le résultat diffère peu de la réalité.

114. Plate-forme en bois (*fig.* 99). Les pièces de campagne reposent ordinairement sur le sol. Cependant, quand on a des bois à sa disposition, on établit un madrier MG sous la crosse de l'affût, et deux autres M,M, sous les roues. Quand on a des madriers et des poutrelles en quantité suffisante, on établit des *plates-formes* de la manière suivante :

On place d'abord trois *poutrelles* distantes entre elles d'axe en axe de $0^m,80$. Celle du milieu sur la directrice j, et les deux autres de façon à correspondre aux roues de l'affût en batterie. Elles ont $0^m,135$ d'équarrissage sur $4^m,55$ de longueur, enterrées à fleur de terre du côté de l'épaulement et relevées du côté opposé de $0^m,035$ par mètre, pour diminuer l'effet du recul. Sur ces *poutrelles* on pose une pièce de bois *mn* dite *heurtoir*, qui a 2^m,21 de longueur sur 0^m,21 d'équarrissage; 14 *madriers* de 3^m,25 de longueur sur 0^m,32 de largeur et 0^m,05 d'équarrissage.

Cette plate-forme en bois repose assez ordinairement sur une plate-forme en terre élevée de 0^m,20 au-dessus du sol, et qui a 7^m de longueur dans le sens du recul, et 5^m de largeur, espace nécessaire pour la solidité des merlons.

115. *L'embrasure oblique* H se construit absolument de même. Quand les deux directrices sont *convergentes à l'extérieur*, on prend *xy* égal à 5 mètres, et par le point *y* on mène la directrice *y*H. Les droites *ed*, *e'd'* prolongées se coupent en *j*; par ce point on mène une parallèle à la crête de l'épaulement, et l'on obtient le point *j'*. Par ce point *j'* on trace *j'e''*, *j'e'''*, pour avoir un angle *e'j'e'''* égal à *eje*. L'ouverture intérieure est plus large et dépend de l'obliquité de la directrice.

Si les directrices sont *divergentes* comme celles des embrasures H et K, on évite que la plate-forme en terre de l'une n'empiète sur la plate-forme en terre de l'autre, afin que chaque pièce ait toujours l'espace nécessaire à sa manœuvre.

116. *L'embrasure de l'obusier* (*fig.* 101) se construit d'après les mêmes principes, seulement le fond de l'embrasure est incliné de l'extérieur à l'intérieur.

Le pointeur en *d* est à 2^m,30 de la projection de la crête intérieure, son œil à 1^m,50 au-dessus de la plate-forme, et son rayon visuel *hv* coupe le talus extérieur en *n* qui appartient au glacis de l'embrasure ; *mn* est le fond de l'embrasure.

117. Les embrasures des *pièces de siége* sont semblables à celles que nous venons de décrire. La hauteur de genouillère est de 1^m,19 et l'ouverture intérieure de 0^m,54 pour les pièces, et 0^m,80 pour les obusiers.

Les pièces de siége demandent 8 mètres pour le recul, et les embrasures sont espacées de 6 mètres d'axe en axe.

118. Quand on a des *mortiers*, on les établit sur des plates-formes composées de trois *lambourdes* de 2 mètres de longueur sur 0^m,21 d'équarrissage, recouvertes de 9 lambourdes aux mêmes dimensions (*fig.* 102). Ces plates-formes commencent à 2^m,40 du pied de l'épaulement.

119. Ponts. On établit sur les fossés de la tête de pont, des *ponts de chevalets* comme ceux que nous avons décrits (*fig.* 18, 20 et 21). (1)

120. Les rivières se franchissent ordinairement sur des *ponts de bateaux* provenant des *équipages de ponts*, transportés à la suite des armées sur des *haquets*.

Les nouveaux bateaux ont 9^m,43 de longueur sur 1^m,70 de largeur. On les espace de 6 mètres d'axe en axe, ce qui donne 4^m,30 de *travée*. Ils sont pontés au moyen de 5 poutrelles destinées à supporter le *ta-*

---

(1) Voir pour plus de développements, le *Résumé de l'instruction d'artillerie* de M. le commandant Thiroux, p. 174.

blier du pont, formé de madriers de 4ᵐ,26 de longueur. La *voie* du pont à 3ᵐ,20 de largeur (1).

Ces bateaux sont retenus dans l'eau par des ancres jetées en amont et en aval, et amarrés entre eux et à la rive par des cordages. (Voir *fig.* 97.)

En supposant le tablier du pont à 1 mètre au-dessus de l'eau, il faudra déblayer une rampe dans le terrain et dans la berge pour que les voitures arrivent par une pente douce sur le pont.

121. Ponts de radeaux. Un *radeau* est un assemblage de bois légers, tels que sapins, bouleaux, peupliers; sur ces radeaux on place des poutrelles pour soutenir le tablier du pont, etc. (2).

Nous avons longuement décrit l'établissement d'une petite tête de pont, parce que tous ces détails se reproduisent dans les moyennes et dans les grandes têtes de pont.

122. Moyennes têtes de pont. Lorsqu'on a *deux* ponts à couvrir, on prend des moyennes têtes de pont. Ces têtes de pont se composent d'un ou de deux fronts bastionnés réunis à la rive par deux grandes branches (*fig.* 93 et 94). Le premier est un *ouvrage à cornes*, le second un *ouvrage à couronne*.

Les deux ponts sont au moins à 100 mètres l'un de l'autre, et recouverts par un *réduit* à 50 mètres des ponts. Ces têtes de pont pouvant abriter des troupes nombreuses, il faut laisser des passages de 12 à 15

---

(1) Voir le *Résumé d'artillerie*, cité ci-dessus, p. 101 et 169.
(2) Voir la page 172 du *Résumé d'artillerie* précité.

mètres pour qu'elles puissent rentrer en colonne par section. Ces troupes franchissent les fossés sur deux ponts de chevalets à côté l'un de l'autre.

Les batteries B,B sont composées de trois parties, deux percées d'embrasures pour flanquer le grand ouvrage suivant BF, et l'intérieur suivant BI. Quand on bat en retraite, avec l'intention d'abandonner la rive ennemie et la tête de pont, les troupes préposées à la défense de l'ouvrage font feu aussitôt que le front est démasqué, et pendant que l'armée évacue la rive ennemie.

Lorsque l'armée a franchi la rivière, les défenseurs de la tête de pont se retirent sous la protection des défenseurs du réduit, et passent la rivière. C'est alors que les batteries battent l'intérieur I de l'ouvrage. Les pontonniers s'occupent aussitôt à démonter le pont. L'opération achevée, les défenseurs du réduit se retirent en bateaux, ou en radeaux, ou à la nage. Dans cette dernière hypothèse, il ne faut laisser dans le réduit que des hommes sachant parfaitement nager.

Une palanque P garantit l'entrée des ponts du côté de la rive amie.

123. Grandes têtes de pont (*fig.* 95). Quand on a trois ponts à couvrir, on emploie une grande tête de pont. C'est un ouvrage composé de trois fronts au moins ; on nomme ces espèces d'ouvrages : *ouvrages à double couronne.*

La distance des ponts entre eux doit être de 200 mètres, dans ces grands ouvrages, pour éviter les encombrements aux débouchés. Dans les grands ré-

7

duits, on construit assez ordinairement, devant l'entrée de chaque pont, un petit redan *r* en palanques.

En avant de ces grandes têtes de pont, on construit çà et là quelques lunettes ou redans pour éloigner les batteries ennemies.

Les passages de ces grandes têtes de pont ont jusqu'à 20 mètres, pour qu'on puisse entrer en colonne par peloton.

124. Comme l'observe judicieusement le général Rogniat : « Rien de plus rare que de bonnes têtes de pont ; leur tracé présente un problème bien difficile à résoudre ; c'est *d'occuper et de défendre un grand espace avec peu de troupes.*

« En effet, comme elles doivent, avant tout, assurer la conservation du pont contre le canon de l'ennemi, leurs ouvrages doivent s'étendre sur une demi-circonférence de douze à quatorze cents mètres de *rayon*, afin de tenir ses batteries hors de portée du pont ; il faut de plus qu'elles favorisent, par un vaste champ de bataille, le développement de l'armée, lorsqu'elle entreprend de déboucher et de marcher en avant. D'un autre côté, il n'est pas moins nécessaire que cet immense circuit d'ouvrages puisse résister à l'ennemi et le tenir en échec avec un petit nombre de défenseurs, afin que la majeure partie de l'armée reste disponible pour opérer sur d'autres points. La nature du terrain près des rivières, dominé ordinairement par des hauteurs, vient encore opposer de nouvelles difficultés au tracé d'une bonne tête de pont. »

125. Dans le tracé des ouvrages en général on observera les principes suivants :

Il faudra appuyer les ailes des retranchements à des obstacles naturels, ou les soutenir par des troupes placées en arrière. Si le retranchement est appuyé à une rivière dont les bords soient plats, on prolongera le fossé assez avant dans la rivière pour empêcher l'ennemi de tourner le retranchement.

Si l'on s'appuie à un bois, il faudra élever une redoute à cette extrémité pour parer aux attaques de flanc. Ce bois devra être occupé et la lisière bordée d'abatis, ainsi que toutes les communications qui le traversent, comme les Français le firent à la bataille de Fontenoy.

Quand on élève des retranchements sur les hauteurs, il faut les établir de manière que les défenseurs puissent bien en découvrir la pente et le pied ; et si cette condition ne peut être remplie, soit à cause de la roideur de cette pente, soit à cause des ondulations, des plis du terrain, il faut chercher à prendre en flanc cette pente : la même observation s'applique à tout terrain situé en avant d'une ligne de retranchements, et qui ne pourrait être battu par le feu direct de ces ouvrages. Aussi, dans les terrains accidentés, faut-il choisir les hauteurs pour les saillants. On y placera l'artillerie destinée à fouiller les dépressions du sol qui peuvent favoriser l'approche de l'ennemi.

Les gorges et les ravins conviennent parfaitement aux angles rentrants. L'ennemi qui s'engagerait dans un pareil chemin avec l'espoir de parvenir plus facilement aux ouvrages, serait battu par les feux directs des parties rentrantes, et par les feux de flanc et d'écharpe des parties élevées.

En arrière de ces lignes continues, il est prudent de construire des redoutes de distance en distance sur une ligne parallèle au front pour arrêter l'ennemi s'il emportait quelque partie du retranchement.

Quelle que soit l'espèce d'ouvrage que l'on construise, il faut bien reconnaître les points d'attaque, et les fortifier plus particulièrement en augmentant la profondeur des fossés et l'épaisseur des parapets, et y élever toutes les défenses accessoires qu'on pourra fabriquer à l'aide des matériaux qu'on aura sous la main.

126. Napoléon à la bataille *d'Essling*, 21 mai 1809, après avoir fait passer plusieurs divisions sur la rive gauche du Danube, fit construire une tête de pont pour couvrir les ponts jetés sur le dernier bras de ce fleuve large de 90 à 100 mètres (1).

Cette tête de pont était un ouvrage à couronne en avant duquel on éleva des lunettes palissadées et entourées de fossés pleins d'eau. Ces ouvrages avaient près de 3,000 mètres de développement.

A la bataille de *Wagram,* 5 juillet 1809, Napoléon fit tracer sous ses yeux, entre la Maison-Blanche et

---

(1) Voir la *Campagne de* 1809, par M. le lieutenant général Pelet, t. 3, p. 277.

l'île Alexandre, *quatre immenses redans*, pour couvrir les ponts (1).

Ces deux batailles présentent des exemples de *ponts de bateaux* ou de *pontons*. A la bataille de Wagram, il y eut un *pont de radeaux* établi au-dessous de l'île Alexandre, et destiné au maréchal Davoust.

L'importance des têtes de pont est tellement évidente, qu'on est dispensé d'insister davantage sur la nécessité, pour un général en chef, de les élever afin de conserver sa ligne d'opérations.

Comme établissement de *pont de chevalets*, nous pouvons citer le trop célèbre passage de la *Bérézina*, de funeste mémoire, où deux ponts de *chevalets* furent jetés par les pontonniers, dans l'eau jusqu'aux épaules par 15 degrés de froid, au milieu des glaçons que charriait la rivière. Le maréchal Ney, dans cette circonstance comme dans toutes celles où il combattit, se couvrit de gloire en sauvant les débris de l'armée des coups de Tschichagof, qu'il empêcha pendant trois jours de déboucher. C'est là qu'on vit un maréchal de France, brave comme son épée, charger à la tête de 600 cuirassiers.

Défense des ouvrages.

127. Ouvrages isolés ouverts a la gorge. Un chef placé dans un redan ou une lunette, doit diviser sa troupe en deux parties. La première se com-

---

(1) Voir, pour plus de détails, l'excellente relation de cette bataille par M. le lieutenant général Pelet, t. 4, p. 166 et les suivantes. Elle présente une belle étude comme passage de rivière.

pose des hommes nécessaires pour garnir le parapet à raison de *deux* hommes au moins par mètre. La seconde comprend la réserve qui doit être au moins égale au *tiers* de la troupe totale, comme nous l'avons vu pour la redoute. On divise cette réserve en deux parties; la première est chargée de repousser les troupes qui chercheraient à tourner l'ouvrage pour le prendre par la gorge; l'autre est la véritable réserve chargée de soutenir le point menacé.

Le commandant indiquera bien au chef de chaque fraction ce qu'il aura à faire dans la défense; et jusqu'au moment de l'attaque la troupe restera sur le terre-plein de l'ouvrage, gardée par ses sentinelles.

Si l'ennemi n'est pas trop près, l'officier enverra un sous-officier et quelques hommes couper tous les arbres dans un rayon de 200 mètres en avant, pour former une ligne d'abatis, ou en embarrasser les avenues, les chemins creux, pour forcer l'ennemi à se découvrir. Si le temps manque, on prendra à l'extérieur quelques points de repère à 200 mètres, pour se guider dans les feux.

Il faudra cependant faire en sorte d'élever quelques défenses accessoires à la gorge pour arrêter et déconcerter l'ennemi; contre le talus intérieur, on plantera de forts piquets de $0^m,65$ de hauteur, au-dessus de la banquette, pour aider aux hommes à franchir le parapet, si l'ennemi parvenait à descendre dans le fossé. Si l'ennemi se présente avec de l'artillerie, on la canonne dès qu'elle est à 600 mètres environ, puis on tire sur les troupes lorsqu'elles sont à 400 mètres de l'ouvrage , ou dès que l'artillerie ennemie a cessé son feu dans la crainte de blesser ses troupes. Si l'ennemi marche sans artillerie, et qu'on en ait à sa disposition, on tire à boulet dès qu'il est à 600 mètres, et à mitraille dès qu'il est à 400. La fusillade ne devra commencer qu'à 150 mètres. On recommandera aux hommes de bien viser, de ne pas se presser; et pour empêcher les hommes de tirer trop tôt, on ne les fera monter sur la banquette que lorsque l'ennemi sera à 200 mètres de l'ouvrage(1). Enfin l'ennemi descend dans le fossé : c'est alors que les défenseurs, montés sur la plongée, fusilleront les assaillants occupés à gravir l'escarpe. On conçoit que ceci ne peut avoir lieu qu'autant que l'ennemi ne laisse personne sur le bord de la contrescarpe pour tirailler avec les défenseurs ; dans ce cas, il faudrait conserver ses armes chargées pour faire feu sur les assaillants, au moment où, parvenus au sommet du talus extérieur, ils découvriraient leurs poitrines. C'est à cet instant que, franchissant le talus intérieur à l'aide des piquets, les hommes pourraient culbuter l'ennemi dans le fossé, s'il n'était pas trop supérieur en force. Dans le cas contraire, il vaudrait mieux défendre les approches de la ligne de feu à coups de baïonnette, et saisir ce moment pour lancer la réserve sur le point le plus menacé. La réserve, parvenue sur la banquette, fait feu, renverse l'ennemi

---

(1) Cette distance sera portée à 1200 mètres, dès que l'armée sera pourvue de fusils à tige.

dans le fossé, et reprend sa place. Lorsqu'on défend un ouvrage, il ne faut jamais poursuivre l'ennemi.

L'assaut ayant échoué, on fusille l'ennemi qui se hâte de s'éloigner pour se mettre à l'abri. Le danger passé, la troupe redescend sur le terre-plein.

128. Ouvrages fermés. Les ouvrages fermés, tels que redoutes, se défendent absolument de la même manière et avec plus de chances de succès, puisqu'ils n'ont pas de gorge. Une réserve égale au tiers est toujours de rigueur ; on la divise aussi en deux afin de n'en engager qu'une partie, et d'avoir l'autre pour parer aux événements.

Si cependant une seule des colonnes de l'ennemi parvenait à l'ouvrage, il ne faudrait pas hésiter à lancer toute la réserve pour la culbuter dans le fossé.

La défense des fortins et des forts bastionnés est plus complète. La réserve est alors formée de plusieurs pelotons qu'on peut porter séparément sur les points menacés.

Les défenseurs de la banquette peuvent faire pleuvoir des grenades à main dans le fossé, au moment où l'ennemi y est parvenu.

Si ces fortins contenaient de la *cavalerie*, on pourrait la faire sortir du côté opposé à l'attaque ; elle contribuerait puissamment à la défense en tombant sur le flanc des colonnes déjà ébranlées par l'artillerie de l'ouvrage. Elle pourrait encore attendre pour charger que les colonnes eussent été repoussées du parapet ; elle les trouverait alors en désordre, et leur déroute serait certaine.

Dans les ouvrages fermés, le réduit permet d'opiniâtrer la défense, d'attendre des secours, et de ne capituler qu'après avoir brûlé toutes ses munitions, et s'être défendu à l'arme blanche jusqu'à la dernière extrémité.

129. Lignes continues. La défenses des lignes continues est difficile en ce qu'il est à craindre d'y être forcé sur un point et tourné. Pour parer à ce danger, il faut avoir au moins *deux* fortes réserves d'infanterie placées à égale distance du centre et d'une des extrémités de la ligne, et une réserve de *cavalerie* placée derrière le centre de la ligne pour charger les troupes ennemies si elles résistaient au choc des réserves.

Si la ligne a plus de quatre kilomètres d'étendue, on aura *trois* réserves d'infanterie : la première derrière le centre de l'aile droite, la seconde derrière le centre de la ligne, la troisième derrière le centre de l'aile gauche. On aura soin de faire les réserves des ailes plus fortes que celles du centre, afin de parer aux attaques de flanc que l'ennemi ne manquera pas d'exécuter, à moins que les flancs ne soient parfaitement appuyés à des obstacles ; alors deux réserves suffisent.

La cavalerie en réserve derrière le centre de la ligne, en ayant égard au terrain qui lui convient.

Si le temps le permet, on élèvera deux redoutes à 400 ou 500 mètres en arrière de la ligne et derrière la droite et la gauche. On armera d'artillerie ces redoutes, qui soutiendront les troupes dans le cas où la ligne serait forcée sur un point.

Il faudra donner des ordres détaillés à chaque chef de corps sur les éventualités qui pourraient se présenter, et recommander avant tout de ne pas abandonner le parapet tant que l'on aura des troupes ennemies devant soi, quand bien même l'ennemi aurait percé la ligne sur un point. C'est le moment pour les réserves de charger les têtes de colonne lorsqu'elles débouchent.

Quand on est campé derrière des lignes continues, il faut se garder avec autant de précaution qu'en rase campagne.

Les feux ont lieu comme il a été expliqué ci-dessus.

On a soin d'améliorer les communications en arrière, pour la commodité des mouvements, et d'embarrasser, au contraire, le terrain que doit parcourir l'ennemi, dans une zone de 200 mètres au moins.

130. Lignes a intervalles. La défense des lignes à intervalles tient trop à la tactique pour que nous ayons à nous en occuper. Il convient cependant de dire, qu'après avoir disposé les troupes dans chaque ouvrage, et donné à chacune tous les renseignements nécessaires pour se bien conduire, on place les troupes qui doivent agir dans les intervalles, en colonnes serrées par division.

On établira *trois* réserves : une derrière le centre de l'aile droite, la seconde derrière le centre de la ligne, et la troisième derrière le centre de l'aile gauche.

Les lignes à intervalles, s'employant le plus souvent dans des terrains accidentés, les trois réserves leur sont plus indispensables qu'aux lignes continues, afin de faire face aux manœuvres tournantes que l'ennemi pourra exécuter, en se couvrant de quelque accident de terrain. La cavalerie pourra concourir avantageusement à la défense de ces lignes, en profitant des grands intervalles pour charger et balayer les colonnes ennemies ébranlées par le feu des ouvrages.

Attaque des ouvrages.

131. Nous ne nous occuperons que de l'attaque de vive force.

ATTAQUE D'UN SIMPLE OUVRAGE. Quand on doit attaquer un ouvrage ouvert à la gorge, on commence par en faire une reconnaissance aussi détaillée qu'on le peut, afin de connaître la force de la garnison, la profondeur du fossé, l'épaisseur du parapet; s'il y a de l'artillerie, des défenses accessoires, et si enfin la gorge est barricadée.

Cela fait, on divise la troupe attaquante en *trois colonnes*. Chaque colonne aura des instructions détaillées sur ses opérations et sur ce qu'elle aura à faire après la prise de l'ouvrage. On la subdivise en sections, commandées par des chefs particuliers, afin de bien manier les troupes et qu'il n'y ait pas d'hésitation au moment de l'action. Des travailleurs, munis de pelles, pioches, haches, échelles, claies, fascines, seront attachés à chaque colonne, pour combler les trous de loup, ou les couvrir, couper les palissades, ou les faire sauter à l'aide de pétards.

De ces trois colonnes, deux font de fausses attaques, l'autre est l'attaque principale, conduite par un chef décidé. Les chefs des deux autres colonnes ne doivent pas négliger d'agir vigoureusement, car elles contribuent puissamment au succès de l'opération en occupant l'ennemi et lui donnant de l'inquiétude.

La direction de l'attaque principale dépend évidemment de la forme de l'ouvrage, de la position de ses troupes de soutien; elle doit porter ses coups sur les points les plus faibles, là où l'ennemi est le moins préparé à la défense. L'on ne peut juger de cela que par les connaissances que l'on possède en fortification, ou par les renseignements qu'on a pu se procurer.

Il est prudent d'avoir en arrière des trois colonnes une troupe de soutien, pour recueillir les colonnes si elles échouaient.

Avant de lancer les colonnes, on démonte l'artillerie ennemie par une canonnade soutenue, qui a de plus l'avantage d'ébranler le moral des défenseurs. Les colonnes précédées de travailleurs couverts de tirailleurs, se portent en avant sur les capitales et sans tirer. Les tirailleurs seuls échangent des coups de fusil pour attirer sur eux le feu de l'ennemi, et cherchent à tuer les canonniers. Les travailleurs, arrivés au bord de la contrescarpe, descendent dans le fossé, pour rompre les défenses accessoires et les annuler. Les colonnes, appuyées de réserves, accélèrent le pas à mesure qu'elles approchent et descendent dans les fossés, moins les dernières sections, qui restent sur le bord de la contrescarpe pour fusiller les défenseurs et les empêcher de monter sur la plongée.

Les troupes, parvenues dans le fossé, gravissent l'escarpe au moyen d'échelles, si elles en ont, ou en s'entre aidant, ou au moyen des gradins que quelques coups de pioche ont pu préparer dans les escarpes. Le dernier rassemblement a lieu sur la berme, et l'on escalade ensemble le talus extérieur; arrivé sur la plongée, on fait feu sur les défenseurs de la banquette, et l'on tombe sur eux à la baïonnette. On évite de s'éparpiller, il faut que chaque colonne tombe en masse sur un point.

Lorsque les colonnes sont aux prises avec les défenseurs des banquettes, les trois sections, restées sur la contrescarpe, descendent dans les fossés pour suivre les colonnes et leur porter secours, tandis que les réserves, en se glissant dans le fossé, cherchent à tourner l'ouvrage par la gorge, ou à y pénétrer par le passage, si c'est une redoute, afin de détourner l'attention de l'ennemi et d'occuper sa réserve.

Après avoir bouleversé ou tué une partie des défenseurs du parapet, deux colonnes se jettent sur la réserve, tandis que la troisième croise la baïonnette sur les défenseurs de la gorge, et en ouvre les barrières aux troupes qui ont tourné l'ouvrage.

L'ouvrage pris, le commandant établit ses troupes de soutien et les réserves face à l'ennemi, pour couvrir la gorge de l'ouvrage, parer aux retours offensifs, et donner le temps à ses colonnes d'attaque de se reformer. Les travailleurs pourraient encore creuser un fossé d'un mètre de profondeur devant la gorge de l'ouvrage. Les terres, jetées du côté de l'ennemi, formeraient promptement une petite masse couvrante;

et le fond du fossé servirait de terre-plein aux défenseurs (*fig.* 103).

132. ATTAQUE DES FORTINS, DES FORTS BASTIONNÉS ET DES LIGNES CONTINUES. Ces ouvrages. étant ordinairement garnis d'artillerie, il sera nécessaire d'en avoir pour éviter de perdre trop de monde dans l'attaque. On ricochera les faces, on lancera force obus pour mettre le désordre dans l'intérieur et endommager le réduit. Les colonnes seront multipliées et peu profondes, pour donner moins de prise au canon de l'ennemi. Elles seront accompagnées de nombreux travailleurs, chargés de fascines pour combler le fossé en un point ou deux, afin de servir de ponts aux troupes qui échoueraient dans l'attaque. Ces travailleurs, pendant le combat, pourront ouvrir de larges tranchées dans le parapet, dont ils rejetteront les terres dans le fossé.

133. L'attaque des *lignes continues* et des *lignes à intervalles* est entièrement du ressort de la tactique. Les mêmes précautions sont à prendre, quant aux détails de la marche des colonnes d'attaque, mais leur direction dépendra de la position des deux armées, de celle de leurs lignes d'opérations, etc.

De fausses attaques sont de toute nécessité, elles ne peuvent que diviser l'ennemi.

134. Pour donner une idée de l'attaque d'une ligne de retranchements, nous croyons ne pouvoir mieux faire que de rapporter les dispositions suivantes, indiquées dans les *Mémoires du maréchal Ney* (1), et que nous avons rendues par la figure 104.

« Une division de quatre régiments ou huit bataillons, chargée de la principale attaque, se déploiera hors de la portée du canon des ouvrages qu'elle est destinée à enlever de vive force. Tous les ordres de détail pour cette entreprise doivent être clairs, précis, laconiques. L'instant avant le combat, les officiers d'état-major chargés de la direction des colonnes, s'assureront si tout le monde est d'accord sur les instructions données à cet égard, afin d'éviter les malentendus, toujours dangereux et souvent funestes à l'ensemble d'une opération semblable. L'officier général haranguera sa troupe d'une manière analogue à la circonstance, et avec cette énergie qui caractérise le guerrier.

« Le tout étant disposé, le signal sera donné par trois coups de canon, et les troupes marcheront à l'ennemi au pas de charge, dans l'ordre et les dispositions suivantes :

« Les compagnies des tirailleurs (voltigeurs) des huit bataillons, dont le commandement sera confié à un officier supérieur ou d'état-major, couvriront le front de l'attaque. Les hommes, outre leur fusil, seront pourvus d'une hache ; arrivés à portée de fusil, ils s'élanceront à grande course dans les fossés des retranchements, couperont les palissades, arrache-

---

(1) *Mémoires du maréchal Ney,* t. 2, p. 421.

ront les fascines et gabions, et pratiqueront des ouvertures.

« Un officier du génie et la compagnie de sapeurs de la division marcheront avec les tirailleurs pour le même objet ; dès que cet officier aura reconnu la situation des retranchements, il détachera un sous-officier ou viendra lui-même, en toute diligence, en faire le rapport, afin de changer les dispositions d'attaque si les circonstances l'exigent.

« Les sapeurs des quatre régiments d'infanterie seront partagés en quatre portions égales.

« La première ouvrira la marche des deux compagnies de grenadiers, formées en colonne par peloton, en avant du premier bataillon du premier régiment, à trois cents mètres en arrière des tirailleurs et à même distance en avant de la colonne. (Elle est formée des compagnies du centre de ce premier bataillon ; voyez plus loin.)

« La deuxième portion de sapeurs, à la tête des deux compagnies de grenadiers du second régiment, également en colonne par peloton en avant du premier bataillon de ce régiment.

« La troisième portion, à la tête des deux compagnies de grenadiers, en avant du premier bataillon du troisième régiment.

« La quatrième portion enfin, à la tête des grenadiers du quatrième régiment, en avant du premier bataillon.

« Les bataillons *impairs* seront formés en colonne par peloton, la droite en tête ; ils suivront le mouvement des grenadiers, en observant la distance prescrite de trois cents mètres, jusqu'au moment où les grenadiers arriveront à cent mètres des retranchements ; alors le pas sera accéléré pour serrer et donner l'impulsion à l'attaque de vive force.

« Les soldats des bataillons en colonne, ainsi que les grenadiers, porteront au besoin une fascine sous le bras gauche, pour combler les fossés et franchir plus facilement les obstacles que l'ennemi pourrait opposer à leur marche.

« Les bataillons *pairs* marcheront en ligne, l'arme au bras, à six cents mètres des quatre colonnes d'attaque ; les intervalles laissés par celles-ci seront remplis par un escadron de cavalerie légère.

« L'artillerie sera disposée sur les flancs extérieurs des colonnes d'attaque du premier et du quatrième régiment, à la hauteur des compagnies de grenadiers, dont elle suivra le mouvement jusqu'à trois cents mètres des retranchements.

« Le reste de la cavalerie et de l'artillerie formera une réserve qui marchera à six cents mètres en arrière des bataillons pairs, pour être employée selon les événements.

« Il sera attaché un officier du génie ou d'état-major à chaque colonne d'attaque.

« Les retranchements enlevés, les tirailleurs poursuivront l'ennemi en désordre, et balaieront les flancs intérieurs de ses ouvrages.

« Les sapeurs de la division et ceux des régiments combleront les fossés, et pratiqueront des ouvertures pour le passage de la cavalerie, aux endroits désignés par les officiers du génie ou de l'état-major attachés aux colonnes d'attaque. Les grenadiers resteront dans l'intérieur des retranchements.

« Dès que les colonnes d'attaque auront franchi les retranchements, elle se déploieront et formeront une première ligne à trois cents mètres en avant des grenadiers.

« Les bataillons pairs passeront par peloton, la droite en tête, dans les intervalles de la première ligne, se déploieront et attaqueront à la baïonnette les réserves ennemies qui oseraient leur tenir tête : ils seront précédés de tirailleurs.

« Les huit compagnies de grenadiers serviront de réserve, et marcheront à trois cents mètres derrière eux.

« L'artillerie légère et la cavalerie marcheront sur les flancs des bataillons pairs devenus première ligne, débordant constamment les ailes de l'ennemi, et la cavalerie légère chargera en tirailleurs dès que le moment paraîtra favorable.

« Si le terrain présente assez d'avantages sur un des flancs de la principale attaque, on réunira plusieurs pièces d'artillerie pour éteindre le feu de l'ennemi et protéger l'attaque des colonnes.

« Si le retranchement ennemi présente un développement plus considérable que le front d'attaque pour une division, la deuxième division disposera ses troupes de la même manière, et la troisième marchera en ligne de bataille en arrière du centre des deux premières, pour soutenir et protéger la double entreprise.

« En cas de non-succès, la retraite s'effectuera dans le même ordre que l'attaque, jusqu'à la hauteur de la première position ; et si l'ennemi, par des forces supérieures, parvenait à forcer le mouvement rétrograde, la retraite se ferait alors en échiquier ; dans ce cas-là, la cavalerie et l'artillerie légère seraient employées sur les flancs et disposées selon les événements. »

Nos dernières guerres surabondent d'exemples d'attaque et de défense d'ouvrages.

On a vu à Mayence, en 1795, une armée de 30,000 Français parfaitement retranchée derrière une ligne continue, de seize kilomètres d'étendue, il est vrai, ne pas tenir devant une attaque de front soutenue par une attaque de flanc composée d'un détachement de 400 hommes qui passa le Rhin en amont et en arrière de la ligne, et d'une autre colonne qui remonta la rive gauche du Rhin.

L'histoire ne rapporte-t-elle pas qu'en 1712 le maréchal de Villars, avec une armée inférieure en nombre et découragée, battit les Impériaux retranchés dans leur camp de Denain.

Ces succès, obtenus si facilement, tiennent à un préjugé très accrédité qui fait supposer qu'une ligne forcée sur un point, ne peut plus être défendue. C'est une erreur très grave ; nous avons donné, dans la défense des lignes, les moyens de parer aux différentes attaques.

Défense des lieux habités.

135. Mise en état de défense d'une maison. — On bouche toutes les issues du rez-de-chaussée, moins celle qui doit servir aux communications. Les fenêtres sont fermées de leurs volets recouverts de madriers percés de créneaux. Faute de volets, on les garnit de doubles madriers dans lesquels on pratique des créneaux; ils doivent être à 2 mètres au-dessus du sol extérieur, pour que l'ennemi ne puisse pas les boucher. Intérieurement, on établit une banquette de planches derrière l'emplacement des créneaux.

L'issue réservée doit être recouverte d'un tambour A en palanques (*fig.* 105), qui a l'avantage de donner du flanquement. On applique aussi cette disposition à un angle de maison, en embrassant dans la palanque B une ou deux croisées.

S'il y a plusieurs pièces, les murs de refend sont crénelés.

Au premier étage on perce des créneaux à 1^m,30 au-dessus du plancher dans les doubles madriers qu'on établit pour fermer les croisées, et même dans les murs si la défense l'exige. Dans ce cas, les créneaux sont évasés de l'extérieur à l'intérieur.

S'il y a un balcon, on le garnit de matelas, et l'on élève de doubles madriers percés de créneaux pour flanquer la maison; on ouvre des créneaux dans le plancher du balcon pour voir au-dessus de l'entrée, et jeter des projectiles sur les assaillants qui voudraient pétarder la porte. On abat l'escalier et l'on place une échelle pour communiquer du rez-de-chaussée au premier étage. Les hommes du premier étage retirent l'échelle au moment du combat. Le plancher est percé de créneaux pour tirer sur l'ennemi maître du rez-de-chaussée.

Chaque créneau reçoit deux hommes.

La défense du second étage s'organiserait de la même manière. La toiture est ordinairement démolie, et les débris, tels que tuiles, sont conservés pour être lancés sur l'assaillant parvenu au pied de la muraille. Pour éviter le feu, on recouvre l'étage supérieur d'une couche de terre, et on y place des cuves, des baquets pleins d'eau pour éteindre l'incendie s'il venait à se déclarer.

Il y aura une réserve au rez-de-chaussée pour secourir le point menacé d'être forcé.

La figure 106 représente la *coupe* d'une maison à un étage.

S'il y a dans le voisinage une maison qui puisse gêner, on l'abat ou on la brûle.

136. Ferme. Si la maison est une ferme, la défense peut être mieux organisée, parce que les bâtiments en sont ordinairement rangés autour d'une cour rectangulaire. La projection horizontale affecte assez la forme d'une redoute. Chaque corps de logis sera crénelé extérieurement et intérieurement pour faire face à l'ennemi venant de l'extérieur, et le combattre encore s'il pénétrait dans la cour. Les dispositions de

défense intérieure seront les mêmes que celles d'une maison. Il faudra ouvrir des communications d'un bâtiment à l'autre, tant au rez-de-chaussée qu'au premier. S'il y a un mur d'enceinte formant un enclos, il faut le créneler à 1^m,30 au-dessus du sol, et mieux à 2 mètres en y appliquant des banquettes si l'on a le temps.

Tout bâtiment isolé sera réuni aux autres par une palanque. Mais si le détachement est trop faible, il sera préférable de détruire le bâtiment qu'on ne pourrait pas occuper. On choisira le bâtiment le plus solide pour en faire un réduit.

Ne pas négliger de prendre des précautions contre l'incendie.

137. Eglise. On peut avoir à défendre une église isolée. Leur forme en croix convient parfaitement à la défense. Les croisées élevées seront garnies dans la partie inférieure de doubles madriers percés de créneaux. Des banquettes élèveront les hommes à la hauteur convenable. Le chœur pourra être converti en réduit. La tribune où sont les orgues, ordinairement placée au-dessus de l'entrée, recevra un poste qui plongera dans l'église, et qui donnera des feux à l'extérieur par des créneaux ouverts dans le pignon de la porte. On place une sentinelle intelligente dans le clocher pour avertir de l'approche de l'ennemi ; on met aussi des hommes à chaque meurtrière de la tourelle ou du clocher.

S'il y a un cimetière, il faudra tirer parti du mur d'enceinte, le créneler, ou élever derrière une petite banquette de terre pour que les hommes puissent faire feu par-dessus.

Il ne faut pas oublier de mettre des vivres et des munitions dans ce réduit afin de faire une bonne défense.

138. Château. Si l'on avait un château à défendre, il faudrait employer les moyens de défense décrits pour une maison ; et si le château avait trop d'étendue pour la faiblesse du détachement, on occuperait la partie la plus convenable, et on isolerait celle qu'on abandonnerait, en barricadant les portes du rez-de-chaussée, et détruisant le plancher des chambres qu'on négligerait, surtout au seuil des portes.

139. Village. Pour bien défendre un village, il faut en faire la reconnaissance, voir le parti qu'on peut en tirer et choisir un réduit; ce peut être l'église du village, ou la mairie, ou une halle ; en un mot, celui de ces édifices qui est le mieux situé. On fait abattre les maisons qui peuvent gêner la défense et favoriser l'ennemi. Puis on relie les maisons extérieures par un fossé dans les parties faibles ; on perce des créneaux dans les murs des jardins et des maisons qui font face à l'ennemi.

On ouvre des communications pour la circulation intérieure des troupes.

On garnit d'abatis les points faibles, et l'on coupe les chaussées à l'entrée du village. Ceci constitue une première enceinte. Les maisons sur les rues sont crénelées. Les rues sont coupées de fossés et barricadées au moyen de voitures dépourvues de leurs roues, et comblées de fumier. Les maisons en avant des barricades doivent être bien garnies d'hommes, pour entretenir une vive fusillade sur l'ennemi arrêté par le fossé. Derrière ces barricades on place des hommes pour faire un feu nourri sur l'ennemi.

Ces coupures se reproduisent aussi souvent que possible.

Les points d'intersection des différentes rues forment des carrefours qu'il faut occuper solidement. Les maisons qui sont aux différents coins de rues doivent être fortifiées avec plus de soins encore. Des barricades et des coupures peuvent donner une seconde enceinte.

On peut détruire le chaume pour éviter l'incendie.

Des réserves seront disposées sur la place, ou près du réduit. Des troupes de soutien seront établies aux différents carrefours. Si un ruisseau traverse le village, on en profite pour inonder une partie de l'enceinte. Il ne faut pas manquer d'occuper fortement le pont et les maisons adjacentes. On peut même rompre le pont, et rassembler dans une maison voisine des poutrelles et des madriers pour franchir le pont, s'il était nécessaire.

Si le village est situé en avant d'une ligne de bataille et à portée d'être soutenu, loin de couper la chaussée qui y conduit, il faudra en ouvrir d'autres, pour faciliter l'arrivée des troupes de soutien. On s'occupera d'abord de bien organiser la défense des trois côtés du village, comme on vient de le voir; puis on préparera tout ce qu'il faudra pour embarrasser et barricader la chaussée en arrière, afin d'éviter d'être pris à revers, dans le cas où l'ennemi, repoussant la ligne de bataille, chercherait à pénétrer par ce côté. Quel que soit le sort de la ligne de bataille, il faudra se défendre vigoureusement jusqu'à la dernière extrémité, cette résistance pouvant encore sauver l'armée.

Il est bien entendu qu'on doit toujours se garder militairement pendant tous les préparatifs.

Attaque des villages.

140. Une troupe qui attaque un village de vive force y entre toujours un peu en désordre ; il faut donc donner les ordres les plus clairs, les plus concis, aux chefs de colonnes, sur ce qu'ils auront à faire pour organiser la défense du village après s'en être rendus maîtres.

Les premières troupes qui pénètrent dans un village doivent repousser l'ennemi en le chassant de maison en maison, et le refouler jusqu'aux extrémités du village. Pendant que ces troupes combattent, d'autres, venues peu après, s'emparent des maisons principales, des points de jonction des rues, et s'y établissent de manière à résister à un retour offensif qu'elles doivent prévoir. La réserve arrivera, prendra possession de l'église, du château, et s'y retranchera. Pendant ce temps, on ralliera les premières troupes, et on les reportera sur la place pour servir de réserve.

La première colonne sera précédée et flanquée

de tirailleurs, et ceux-ci suivis de sapeurs armés de haches pour enfoncer les portes et les croisées des premières maisons, couper les obstacles à la marche. Ces troupes sont également suivies de travailleurs munis des outils nécessaires pour organiser la défense intérieure des maisons, à mesure qu'on s'en rend maître.

141. Si, en lisant les relations des batailles, nous y avons vu des villages pris et repris jusqu'à sept fois, on doit attribuer cette facilité de succès et de revers au peu de soins qu'on apporte dans la mise en état de défense des villages.

Le village de *Fontenoy*, bien défendu par les Français, résista aux trois attaques des Anglais sur ce point. Les Hollandais, dans cette même bataille, ne furent pas plus heureux devant Antoing, qu'ils cherchèrent deux fois à enlever.

Le village de *Nerwinden* (1), qui donna son nom à cette bataille, fut deux fois emporté à la baïonnette par les Français, qui chaque fois furent repoussés; à une troisième fois, ils restèrent maîtres de Nerwinden. Ces reprises n'auraient pas lieu, si l'on appliquait avec discernement les principes de la fortification, autant que les circonstances peuvent le permettre.

---

(1) Gagnée, le 29 juillet 1693, par le maréchal de Luxembourg, sur l'armée confédérée anglo-bavaroise, commandée par le prince d'Orange.

Nous avons recommandé d'occuper les villages sur le front des positions, quand ils sont à portée d'être soutenus. C'est pour avoir négligé ce principe, pour n'avoir pas pris possession des villages de Wanglée et de Saint-Amand, situés en avant et sur le flanc gauche de sa position, que le prince de Waldeck perdit la bataille de *Fleurus* (1).

Il faut cependant éviter de tomber dans le défaut contraire, en entassant inutilement des troupes dans un village assez heureusement situé pour être défendu par quelques bataillons, ou éloigné du point présumé de l'action principale.

A la bataille de *Hœchstett*, 13 août 1704, le maréchal de Tallard entassa vingt-sept bataillons dans Blindheim, que quelques bataillons bien soutenus auraient très bien défendu ; l'absence de ces troupes au centre de sa ligne lui fit perdre la bataille, et ces vingt-sept bataillons capitulèrent.

La bataille de *Lauffeld*, gagnée par le maréchal de Saxe le 2 juillet 1747, nous présente un bel exemple de défense de village. Ce ne fut qu'à la *cinquième* reprise que nos troupes parvinrent à enlever Lauffeld, parfaitement défendu par le duc de Cumberland.

La défense d'*Allerheim* par les Bavarois, à la bataille de *Nordlingue*, était bien entendue ; ils avaient crénelé les maisons, l'église et le cimetière, et repoussé

---

(1) Gagnée, le 1er juillet 1690, par le maréchal de Luxembourg, sur les Hollandais, les Allemands, les Anglais et les Espagnols alliés, sous les ordres du prince de Waldeck.

l'attaque des Français. Mais en apprenant la mort de leur général en chef, ces troupes crurent tout perdu et capitulèrent. Circonstance fâcheuse, qui accéléra pour eux la perte de la bataille.

Les Alliés, à la bataille de *Leipsig*, journée du 18 octobre 1813, prirent et reprirent trois fois le village de Schœngraben sur les Français, qui négligèrent chaque fois d'en organiser la défense. On doit attribuer cela au désordre qui suit le plus souvent une attaque de vive force.

La bataille d'*Essling* offre le plus bel exemple d'attaque et de défense de village. Il faut en lire tous les intéressants détails dans le troisième volume de la *Campagne d'Allemagne en 1809*, par M. le lieutenant général Pelet. Cet historien pense que si l'on n'avait pas négligé de disposer convenablement Asparn et Essling, dans la journée du 20 mai, les Autrichiens n'auraient pas pris ces villages. Il s'exprime ainsi dans une note : « Si l'on avait fait quelques barricades ou quelques coupures dans les deux villages, si l'on avait pris à l'avance les mêmes dispositions que les Autrichiens plus tard, jamais ceux-ci n'auraient pu s'y maintenir. Ils abattirent, de leur côté, les murs du cimetière d'Asparn et du grand enclos d'Essling. Ces postes devinrent ainsi, pour eux, des citadelles qu'il nous fallait escalader sous le feu le plus terrible, et dans lesquels nous nous trouvions entièrement à découvert. »

Toutes ces batailles prouvent combien il est important de bien retrancher les postes qu'on occupe, et de pousser la défense jusqu'à la dernière extrémité. A ce sujet, nous croyons devoir rappeler les deux premiers articles du décret impérial du 1er mai 1812 :

Art. 1er. Il est défendu à tout général, à tout *commandant d'une troupe armée*, quel que soit son grade, de traiter en rase campagne d'aucune capitulation par écrit ou verbale.

Art. 2. Toute capitulation de ce genre, dont le résultat aurait été de faire poser les armes, est déclarée déshonorante et criminelle et sera *punie de mort*. Il en est de même de toute autre capitulation, si le général ou commandant n'a pas fait tout ce que lui prescrivaient le devoir et l'honneur.

Castramétation.

142. Ce chapitre est une reproduction détaillée du titre 3 de l'ordonnance du 3 mai 1832 sur le service des troupes en campagne (1).

On entend par *camp*, les lieux où les troupes sont établies sous la tente, dans des baraques ou au bivouac ; par *cantonnement*, l'ensemble des lieux habités qu'elles occupent sans y être casernées ; par *campement*, la réunion des individus chargés de préparer soit un camp, soit un cantonnement.

Camp d'infanterie.

143. Les deux principes généraux de la castramétation sont :

______

(1) Consulter cette ordonnance, depuis l'article 32 jusqu'à l'article 49 inclusivement.

1° Camper suivant l'ordre de bataille ;

2° La troupe en bataille doit couvrir son camp.

D'après cela l'étendue du camp doit être égale **au** front de la troupe en bataille.

On appelle *front de bandière*, le terrain en avant du camp, sur lequel la troupe se forme en bataille lors des prises d'armes, et même à son arrivée **au** camp.

Toutes les dimensions pour le camp sont **mesurées** au pas de deux pieds ; *trois* de ces pas équivalent à *deux* mètres.

La grandeur des baraques varie suivant l'espèce de matériaux qu'on peut y employer ; mais **en général** les grandes baraques sont à préférer. Les baraques ont, pour *vingt* hommes, *sept* pas de largeur sur *dix* de longueur. Le règlement accorde donc à chaque homme *trois* pas de longueur sur *un* pas de largeur ; ils sont couchés sur deux rangs dans les grandes baraques, séparés aux pieds par une petite rue d'*un* pas. En calculant la surface d'une pareille baraque et divisant par le nombre d'hommes qu'elle peut contenir, on trouve qu'il revient $1^m,50$ à chaque soldat : dimension que nous lui avons accordée dans le calcul de la redoute.

Les baraques pour dix-huit hommes auraient *sept* pas sur *neuf,* ainsi de suite. Pour quatorze hommes, elles seraient carrées, *sept* sur *sept.*

Au-dessous de quatorze, elles sont disposées pour un seul rang d'hommes, avec une petite rue d'un pas aux pieds. Il faut alors ne pas les faire trop longues.

Celles de *huit* hommes sont les plus convenables; elles ont *huit* pas de longueur sur *quatre* de largeur. Des baraques de dix hommes auraient *dix* pas sur *quatre*.

144. Les baraques sont disposées par rangs et par files.

Les termes de *tête* ou de *front*, de *flanc*, de *droite*, de *gauche*, de *file* et de *rang*, ont pour le camp la même acception que pour l'ordre de bataille.

Le nombre des rangs varie selon la force des compagnies et la dimension des baraques.

Dans l'infanterie, chaque *compagnie* a deux files de baraques, séparées par une *grande rue* qui sert aux rassemblements de la compagnie, et dont la largeur dépend généralement de l'étendue du front de la troupe, mais ne peut être moindre de *cinq* pas; l'intervalle d'une compagnie à une autre forme une *petite rue*, large de *deux* pas. La première et la dernière file de baraques d'un bataillon restent isolées.

Si les baraques sont pour vingt hommes, pour dix-huit ou pour seize, leur grand côté est dans le sens de la profondeur du camp; leur ouverture est sur le petit côté de sept pas, placé vers le front de bandière.

La distance entre chaque rang forme alors une rue de *cinq* pas (*fig.* 107).

Pour donner moins de profondeur au camp d'infanterie, le grand côté des baraques, lorsqu'elles sont pour *huit* hommes, est placé parallèlement au front de bandière; leur ouverture est sur la grande rue.

La distance entre les rangs est alors de trois pas (*fig.* 108).

Les chevalets pour les armes sont à quinze pas en avant du premier rang des baraques.

Chaque compagnie a deux chevalets placés devant son centre; l'intervalle qui sépare ces chevalets varie selon l'étendue du front.

Le drapeau est placé sur la même ligne que les chevalets, au centre du bataillon avec lequel il marche.

Les cuisines sont à *vingt* pas en arrière du dernier rang des baraques de la troupe. Les baraques du petit état-major et des cantiniers sont à *vingt* pas en arrière des cuisines et sur l'axe des petites rues ; celles des officiers de compagnie, à *vingt* pas plus en arrière, dans le prolongement des grandes rues, de manière à voir ce qui s'y passe et à découvrir le front de bandière ; enfin, les baraques de l'état-major, à *vingt* pas en arrière de celles des officiers de compagnie.

Les officiers d'une même compagnie campent derrière le centre de cette compagnie, le capitaine à droite, le lieutenant et le sous-lieutenant à gauche, dans une même baraque.

Tout chef de bataillon campe ordinairement derrière le quatrième peloton de son bataillon; l'adjudant-major campe derrière le second peloton, et le chirurgien derrière le septième.

Le colonel et le lieutenant-colonel campent derrière le centre du régiment, de manière toutefois à ne point occuper l'intervalle qui sépare les bataillons, ne point occuper l'intervalle qui sépare les bataillons, cet intervalle devant toujours rester libre dans toute la profondeur du camp. Lorsqu'il y a deux bataillons, ils se placent derrière la gauche du premier.

L'adjoint au trésorier et le porte-drapeau campent à portée du colonel et sur le même alignement.

La garde de police est établie sur l'alignement des baraques du petit état-major, au centre du bataillon ; derrière la droite du second bataillon, dans un régiment de deux batailllons ; et au centre du second, dans un régiment de trois bataillons. Elle a un abri ouvert du côté du front de bandière ; cet abri est de *trente* pas pour un régiment de trois bataillons, de *vingt-cinq* pour un de deux, et de *quinze* pour un seul bataillon ; parce que, dans le premier cas, la garde de police fournit dix sentinelles, huit dans le second, et cinq dans le troisième. Il est construit un petit abri à droite du grand, pour les officiers de garde. Le chevalet pour les armes du piquet est à *quatre* pas en arrière de celui de la garde de police.

Le poste avancé de la garde de police est à *deux cents* pas environ en avant de la ligne des chevalets, vis-à-vis du centre du régiment, en ayant égard à la configuration du terrain ; il a un abri proportionné à sa force. La baraque pour les prisonniers est à quatre pas en arrière de cet abri. Dans un régiment qui campe en seconde ligne, le poste avancé de la garde de police est placé à deux cents pas en arrière des baraques des officiers supérieurs.

Les chevaux des officiers de l'état-major et ceux

des équipages sont placés à *vingt-cinq* pas en arrière des baraques de l'état-major.

Les voitures sont parquées sur le même alignement que les chevaux des équipages ; auprès d'elles campent l'officier d'armement, les maîtres-ouvriers et les ouvriers, ainsi que les soldats du train.

Les latrines de la troupe sont placées à *cent cinquante* pas des chevalets, en avant du centre de chaque bataillon ; celles des officiers à *cent* pas en arrière de la dernière ligne des baraques. Les unes et les autres sont entourées d'une feuillée.

145. La figure 107 représente le camp d'un bataillon de huit cents hommes, les baraques étant pour dix-huit hommes.

On trouve la largeur des grandes rues de la manière suivante : on retranche six sous-officiers et deux tambours par compagnie, et à raison de huit compagnies par bataillon, cela donne 64 hommes à soustraire de 800. Il reste 736 soldats qui, sur trois rangs, font 245 files. Ajoutant les 9 files creuses, on a 254 files, et comme chaque file occupe *trois quarts* de pas dans le rang, il suffit de multiplier 254 par $\frac{3}{4}$, pour avoir le front du bataillon, qui est ici de 190 pas.

Ces 190 pas seront occupés par les 16 files de baraques, les 7 petites rues et les huit grandes rues.

Les 16 baraques donnent $16 \times 7 = 112$.
Les 7 petites rues $\qquad 7 \times 2 = 14$.
$112 + 14 = 126$.
$190 - 126 = 64$ à répartir entre les 8 grandes rues.
Chaque grande rue sera de 8 pas.

Chaque compagnie aura six baraques, *dont une* pour les sous-officiers au dernier rang des baraques de soldats.

146. Si l'on veut chercher quelle est la force du bataillon qui donnera aux grandes rues la largeur minimum de *cinq* pas, on y arrivera de la manière suivante :

$$16 \times 7 = 112.$$
$$7 \times 2 = 14.$$
$$8 \times 5 = 40.$$

Total   166 pas.

166 pas $\times \frac{4}{3} =$ 221 files.

221 files — 9 files creuses $=$ 212 files de soldats, qui font 636 hommes. 636 soldats, plus 64 sous-officiers et tambours, représentent un bataillon de *sept cents* hommes.

Par conséquent, tout bataillon de 700 hommes et au-dessus pourra camper par *compagnie* dans de *grandes* baraques.

147. Au-dessous de sept cents hommes, on campera par *division*, comme l'indique la figure 109, qui représente le camp d'un bataillon de 600 hommes, dans des baraques de 16 hommes.

Pour dégager les grandes rues, on place les baraques du petit état-major derrière celles de la troupe.

Les quatre baraques des officiers d'une division sont placées sur la grande rue et réunies à deux pas de distance l'une de l'autre. Lorsque la grande rue a plus de vingt-deux pas, la rue qui sépare les baraques des officiers des deux compagnies qui forment division peut être plus grande. Avec vingt-quatre pas de largeur, elle a quatre pas.

Le reste comme précédemment.

148. Si les troupes ont à camper dans de *petites* baraques, de la capacité de *huit* hommes, par exemple, le grand côté de la baraque devant être parallèle au front de bandière, on aura le minimum de l'étendue du front d'un pareil camp, ainsi qu'il suit (*fig.* 108) :

$$8 \times 16 = 128.$$
$$7 \times \ 2 = \ 14.$$
$$5 \times \ 8 = \ 40.$$

Total   182 pas.

182 pas est le minimum de l'étendue du front du camp avec les petites baraques. Il correspond à un bataillon de 766 hommes.

Les rues qui séparent les rangs sont de *trois* pas.

Avec des grandes rues de cinq pas, on place les baraques du petit état-major derrière celles de la troupe.

Au-dessous de 766 hommes, on campera par division lorsqu'on se servira de petites baraques.

149. La figure 110 représente un bataillon de 726 hommes, campé par division, dans des baraques pour huit hommes.

Les grandes rues étant de 25 pas $\frac{1}{2}$, les baraques des officiers de deux compagnies formant division seront séparées par une rue de quatre pas. Les baraques du petit état-major, s'il n'y en a que quatre, seront établies sur l'axe des grandes rues (*fig.* 110); si leur nombre est supérieur, elles seront placées derrière celles de la troupe, comme à la figure 109.

Les bataillons sont séparés par un intervalle de 24 pas, comme dans l'ordre en bataille ; les régiments par 30 pas ; les brigades par 45 ; les divisions par 75.

Une brigade d'infanterie et une de cavalerie sont espacées de 75 pas.

Lorsqu'on campe sur deux lignes, la seconde est à 400 pas en arrière de la première.

Construction d'une baraque (*fig.* 111).

150. La baraque étant tracée, on aplanit le sol intérieur, et l'on plante les forts piquets qui doivent former les murs destinés à supporter la toiture. Ces murs **ED**, **FG**, sont dits les *pieds-droits*. On clayonne entre ces piquets jusqu'à un mètre de hauteur ; les plus gros sont placés aux angles et de mètre en mètre, à peu près, pour recevoir les *fermes*.

Les *fermes* sont des assemblages de poutrelles (*fig.* 112). Elles forment la charpente de la toiture, et se composent de deux *arbalétriers mn*, *no*, et d'un *entrait pq*. On les fixe sur les pieds-droits par une entaille à mi-bois.

Le *latis* se fait au moyen de gaules liées sur les fermes, de $0^m,30$ en $0^m,30$, pour recevoir une couche de paille de $0^m,20$, l'épi en haut, bien arrêtée par des harts. Le toit est incliné à 45°. Il est à un ou deux *égouts*, suivant qu'il est formé d'un ou de deux plans.

Les pignons ne sont clayonnés que jusqu'à 0^m,20 du faîte, pour que la ventilation puisse s'opérer.

La porte a 0^m,75 de largeur sur 2^m,00 de hauteur. Les pentures sont deux morceaux de cuir.

A 0^m,50 au-dessus du linteau de la porte est une fenêtre qu'on ferme à volonté, au moyen d'un cadre garni de paille, et qu'on tient ouverte à l'aide d'un morceau de bois placé en arc-boutant.

Le *lit de camp* se compose de claies, et mieux de planches, posées sur le sol ou soutenues par des traverses et inclinées vers les pieds. Il est recouvert de paille de couchage. La petite rue qui sépare les hommes couchés est clayonnée dans une hauteur de 0^m,30, pour empêcher la paille de glisser.

A droite et à gauche de la porte, contre le pignon d'entrée, se trouvent intérieurement les *râteliers d'armes*.

Sur le pignon opposé, on place le *porte-giberne*.

Les entraits supportent la planche à *bagage*.

Les *égouts* du toit avancent de 0^m,30 au moins, pour rejeter les eaux loin de la baraque; et pour les éloigner, on pratique autour une rigole de 0^m,15 à 0^m,20.

L'*abri de la garde de police* (*fig.* 113) ressemble à la moitié d'une baraque coupée en deux par un plan vertical passant par le faîte. Il est clayonné sur trois côtés; l'ouverture est du côté **A** et de la grandeur de l'abri; elle correspond au côté *no* (*fig.* 114).

La profondeur *mn* est de quatre pas.

L'abri de l'officier a quatre pas sur cinq.

A la droite de cet abri, l'on construit une *guérite* pour la sentinelle. La figure 115 en donne le plan et l'élévation.

Les cuisines sont recouvertes d'un abri. Elles sont creusées à 1ᵐ dans le sol. On y descend par trois gradins. Les figures 116 et 117 donnent toutes les dimensions nécessaires pour l'intelligence de leur établissement.

Les cheminées sont en briques ou en gazons.

L'abri du *poste avancé* de la garde de police (*fig.* 118) a sept pas de largeur sur 2ᵐ,50 de hauteur.

On voit (*fig.* 119) la coupe des latrines entourées d'une feuillée.

La coupe d'un chevalet d'armes est donnée par la figure 120.

151. Instruction ministérielle du 3 août 1836, pour le tracé et l'élévation des tentes (1).

TENTE DE SOLDAT.

Modèle de 1835 : longueur, 6ᵐ; largeur, 4ᵐ; hauteur, 3ᵐ.

Composition de la tente et du mobilier la garnissant.

La ligne de front et les lignes de profondeur étant données, et les largeurs des rues indiquées, chaque chef d'escouade, commandant une tente, recevra ses

(1) Voir au *Journal militaire.*

effets de campement, consistant en 1 tente, 1 bois de tente composé d'une traverse ou faîtière, et de deux montants en 4 morceaux qu'il devra assembler ; 2 maillets, 25 petits piquets, 1 tablette garnie de porte-manteaux , 2 pelles , 2 pioches , 1 serpe , 1 hache , 2 gamelles, 2 marmites et 1 grand bidon.

Préparation du terrain.

Le chef d'escouade fera préparer le terrain où la tente doit être dressée. Ce terrain doit être uni , de niveau , et assez battu pour bien recevoir le tracé de la figure ci-après indiquée, et retenir les piquets en bois, qui ne doivent y pénétrer qu'avec effort.

Sur la ligne de profondeur indiquant l'emplacement du milieu des tentes de soldat, les tentes seront dressées de la manière suivante :

Tracé de l'emplacement (fig. 121).

Le chef d'escouade de chaque tente de la première ligne placera un piquet au front de bandière à l'endroit où commence la ligne de profondeur ; sur cette ligne et contre ce piquet, il placera la traverse du bois de tente , qui a 2 mètres environ de long , et mettra un second piquet au bout ; il répétera encore deux fois cette opération à la suite, en plaçant chaque fois un piquet au bout, ce qui lui donnera la longueur de la tente, ayant 6 mètres environ, et indiquera, par le 1er et le 4e piquet, les extrémités de la tente, et, par le 2e et le 3e piquet, l'emplacement des deux montant de son bois. Cet emplacement sera battu particulièrement et avec soin au maillet ; on y rapportera au besoin la terre nécessaire pour le maintenir au niveau du terrain.

Le chef d'escouade de chaque tente de la 2e ligne opérera de même sur la ligne de profondeur, en laissant la distance d'une traverse entre le 4e piquet de la tente en première ligne et le 1er piquet de la sienne.

Les chefs d'escouade de chaque tente de la 3e et 4e ligne opéreront de même.

Chaque chef d'escouade placera un soldat à son 2e piquet, et lui fera tenir un bout de la traverse couchée sur la terre contre ce piquet, en le lui faisant maintenir toujours ainsi pendant la conversion dont il va être parlé. Le chef d'escouade se placera à l'autre bout de la traverse, soit avec un petit morceau de bois propre à tracer un cercle sur la terre, soit avec la pointe d'un piquet, qu'il tiendra contre la virole en fer garnissant le bout de la traverse ; alors, en faisant une conversion entière, il tracera un cercle qui devra passer par le 1er piquet et par le 3e. Ce cercle terminé, il en tracera un autre en plaçant le soldat au 3e piquet : ce second cercle passera par le 2e et le 4e piquet. Ces deux cercles se couperont en deux points. Le chef d'escouade indiquera le milieu de la tente, en posant la traverse sur la ligne de profondeur, entre le 2e et le 3e piquet. Cette traverse a son milieu indiqué par un clou, et à cette place il posera un piquet provisoire.

Ensuite, pour trouver l'emplacement des faces de la tente et du milieu des portes, le chef d'escouade placera la traverse un bout contre le piquet provisoire, et le prolongement de cette traverse sur le point où les deux cercles se coupent : il placera un piquet à l'autre bout, qui indiquera le milieu de la porte ; il en fera autant de l'autre côté ; puis enfin, pour obtenir les faces de la tente, il posera la traverse de manière que le clou qui est au milieu soit devant le piquet de la porte, et que les bouts affleurent les deux cercles ; alors il enfoncera un piquet à chaque bout et tracera une ligne droite tout le long de la traverse, ce qui indiquera la face d'un côté : il en fera autant de l'autre. Cette figure ainsi tracée, il retirera le piquet provisoire du centre, et l'aspect du terrain sera comme la figure 121.

Creusement des fossés d'écoulement des eaux pluviales.

Le tracé terminé, le chef d'escouade fera creuser autour un fossé en talus, en affleurant les lignes ; la terre provenant du fossé sera jetée sur le milieu de l'emplacement de la tente, entre les piquets n°s 2 et 3. Ce fossé devra avoir au moins 0^m,25 de profondeur et autant de largeur au fond. La pente du talus est indiquée dans la *fig.* 122.

Le fossé terminé, les piquets n°s 1 et 4 et les piquets de milieu de porte et des faces seront enfoncés aux deux tiers de leur longueur dans le talus affleurant le tracé, à 0^m,165 du bord et perpendiculairement à ce talus. La terre devra être assez serrée pour que les piquets y soient bien assurés dans la position indiquée *fig*. 122.

Dressement de la tente.

Pour dresser la tente, on l'étendra de toute sa surface, pliée en deux, dans la grande rue, sur le terrain auprès du fossé ; on débouclera les contre-sanglons des portes ; par l'une des portes ouvertes, on introduira la traverse dans l'intérieur, et on la placera sous le milieu du faîtage, de manière que la partie arrondie de cette traverse touche la sangle qui est dessous ; on prendra successivement chaque montant assemblé, en le présentant bien perpendiculairement à cette traverse, et l'on introduira son goujon en fer dans le trou pratiqué à l'un des bouts de la traverse ; ensuite on fera pénétrer l'excédant de ce goujon dans un œillet formé dans la sangle, sous l'un des bouts du faîtage ; on en fera autant avec l'autre montant, en tirant assez dessus le faîtage pour permettre au goujon de traverser aussi l'œillet qui lui est destiné. Il est nécessaire que cette opération soit faite avec précaution, afin de ne pas casser les goujons et d'empêcher qu'ils ne crèvent le faîtage ; la tente ne peut être bien dressée et bien maintenue qu'autant que les goujons traversent les œillets ; on doit donc s'assurer de leur position, en touchant les calottes en cuir qui les recouvrent.

La tente ainsi préparée, deux soldats, conservant bien leur distance, l'enlèvent et viennent placer chaque montant sur le terrain battu, contre et au dedans des piquets 2 et 3; alors il n'y a aucun piquet entre eux.

Deux soldats attacheront au 1er et au 4e piquet les cordes qui sont au bas des nervures bleues indiquant le milieu du cul-de-lampe ou ses extrémités. Deux autres soldats fermeront les portes de la tente, en bouclant les contre-sanglons et en passant dans la boutonnière la corde qui lui correspond, au bas de la tente. Ils attacheront cette corde au piquet du milieu de la face. La tente, ainsi attachée, doit être abandonnée à elle même; alors les deux soldats qui maintenaient les montants dans l'intérieur doivent ôter les piquets 2 et 3 et sortir de la tente avec eux, en passant sous les parties non fixées.

Quatre piquets, fixés aux extrémités des faces, doivent se trouver vis-à-vis des nervures bleues qui encadrent ces mêmes faces; alors on y accroche les cordes qui sont au bas de ces nervures. Sur chaque face il reste, entre son milieu et sa nervure, une corde qui sert à limiter l'ouverture des portes et à servir de charnière. Il faut enfoncer dans le fossé un piquet devant chacune d'elles, mais de manière qu'elles tirent plutôt vers le milieu de la porte que vers la nervure, et on y arrêtera ces quatre cordes. Ces quatre piquets servent aussi à y arrêter les cordes de fermeture des portes. Après cette opération, il reste encore douze piquets à placer aux douze cordes qui existent entre les nervures bleues des culs-de-lampe et celles des faces; à raison de trois entre chaque nervure. Le chef d'escouade les placera dans la ligne droite de chaque couture et en face de chaque corde, en commençant toujours par celles du milieu. Il convient d'enfoncer d'abord les piquets seuls et de n'y fixer les cordes que lorsqu'ils présentent la solidité nécessaire.

Tous les piquets, au nombre de **24**, étant placés, on les enfoncera jusqu'à $0^m,05$ à $0^m,06$ environ du bec que forme chaque tête de piquet, ayant soin que la corde et le bas de la tente ne touchent pas la terre, mais que le bas de cette tente descende environ d'un centimètre ou deux dans le fossé, afin que l'écoulement des eaux se fasse sans obstacle. Cette opération terminée, on ouvrira la porte du côté de la grande rue; on étendra avec soin, et bien à plat sur le terrain, la toile à pourrir qui garnit le bas de la tente; on recouvrira cette toile à pourrir de $0^m,06$ à $0^m,08$ d'épaisseur de la terre provenant du fossé, afin d'intercepter l'air extérieur; mais on aura soin que cette terre ne touche nulle part la toile de la tente; enfin on répandra le reste de la terre également sur le terrain, après avoir comblé le fossé devant la porte, de manière qu'il y ait une pente douce de la tente au dehors.

Enfin, le chef d'escouade, après s'être assuré que les deux montants du bois de tente ont les trous de la tablette placés du côté de la porte, apportera la tablette entre les deux montants; puis, enfourchant successivement les montants avec les bouts de la tablette, et élevant cette dernière au-dessus des trous, il y introduira les bâtonnets destinés à servir de tasseaux, et fera reposer ensuite la table dessus. Cette tablette est destinée à supporter les shakos, le pain et les outils.

Placement des fourniments et outils.

La tente étant ainsi dressée, le chef d'escouade fera placer à chaque porte-manteau, en commençant par le milieu de la tente, les fourniments de chaque soldat et le sien ; puis, on posera d'abord les deux pelles en dehors des montants, le manche en bas, puis la hache. La serpe sera placée sur la tablette en dedans des montants et contre l'un d'eux, le tranchant en l'air ; les maillets seront aussi placés sur la tablette, près des montants, et le manche en l'air. La corde fixée aux montants servira à maintenir les manches des outils passés dans les entailles.

TENTE D'OFFICIER.

La tente d'officier, nouveau modèle, étant de même forme et de même dimension que celle de soldat, elle sera dressée de même sur le terrain. La tablette qui la garnit n'a pas de porte-manteaux ; il y a un pliant pour chaque officier qui l'habite.

OBSERVATIONS GÉNÉRALES.

Toutes les tentes doivent être dressées plutôt molles que trop tendues, parce qu'en se retirant, lors des pluies, les toiles, par une tension trop forte, arracheraient les piquets. Lorsque les tentes ont été mouillées par la pluie, il faut les tenir ouvertes jusqu'à ce qu'elles soient entièrement séchées.

On doit, en enfonçant les piquets, frapper d'aplomb sur la tête et dans la direction où l'on enfonce les piquets, évitant les grands coups de maillet qui les émoussent promptement ou les cassent.

Camp de cavalerie.

152. L'escadron se divise en deux divisions ou quatre pelotons (*fig.* 124).

Dans l'ordre en bataille, le capitaine commandant est à un pas devant le centre de l'escadron, ayant à sa droite le premier lieutenant devant le premier peloton, et le premier sous-lieutenant devant le second; à sa gauche, il a le second sous-lieutenant devant le troisième peloton, et le deuxième lieutenant devant le quatrième.

Le capitaine en second est à trois pas derrière le centre de l'escadron.

Les serre-files à un pas du second rang; le maréchal des logis chef derrière la droite du premier peloton; le deuxième maréchal des logis derrière la droite du second; le cinquième maréchal des logis derrière la gauche du troisième peloton, et le maréchal des logis fourrier derrière la gauche du quatrième.

A la droite de l'escadron se trouve le premier maréchal des logis, qui est le guide de droite; à la gauche, le sixième pour guide de gauche; au centre, le troisième maréchal des logis à la gauche de la première division, et le quatrième à la droite de la deuxième.

Les brigadiers sont répartis dans le rang à la droite

et à la gauche de chaque peloton au premier rang, et à la droite et à la gauche de chaque division au second rang.

Le brigadier-fourrier est à la droite du premier rang de l'escadron, ayant à sa gauche le premier brigadier (1).

153. La cavalerie se forme en bataille en arrière de son camp. Elle campe habituellement par *division*. Chaque escadron a donc deux files de baraques. D'après cela, la largeur des rues dépendra du front de l'escadron, et la profondeur du camp variera suivant la force des divisions.

Les baraques, quelles que soient leurs dimensions, ont leur grand côté parallèle au front de bandière, et leur ouverture sur la rue à gauche de chaque file de baraques.

Les chevaux de chaque division sont placés sur une seule rangée, faisant face à l'ouverture des baraques ; ils sont attachés par des cordes à des piquets plantés fortement en terre, à une distance de trois à six pas de la file de baraques de la division.

L'intervalle qui sépare les files de baraques doit être tel que, le régiment étant rompu en colonne par

---

(1) Sur le pied de guerre, les cadres sont composés d'un maréchal des logis chef, de huit maréchaux des logis, un maréchal des logis fourrier, un brigadier fourrier et seize brigadiers.

En temps de paix, et depuis quelque temps seulement, il n'y a plus que six maréchaux des logis et douze brigadiers, le reste du cadre étant le même.

division, comme l'indique la *fig.* 125, chaque division de la colonne soit sur l'alignement de l'emplacement où doivent être attachés les chevaux ; chaque intervalle forme une rue perpendiculaire au front de bandière. La deuxième rue de chaque escadron est plus large que la première, de tout l'intervalle qui doit séparer les escadrons en bataille ; cet intervalle est de 18 pas (12 mètres), et reste libre dans toute la profondeur du camp.

Les chevaux du second rang sont chacun à la gauche de leur chef de file.

Les chevaux des lieutenants et sous-lieutenants sont à la *droite du peloton* ; ceux du capitaine commandant, à la droite de la *première division ;* ceux du capitaine en second, à la *droite de la deuxième division.*

L'espace qu'occupe un cheval est d'environ *deux pas et demi* ($1^m,624$) ; le nombre des chevaux à placer dans une rangée détermine la profondeur du camp de la troupe et la distance entre les rangs de baraques ; les fourrages se placent entre les baraques.

Les cuisines sont à vingt pas en avant de chaque file de baraques.

Les sous-officiers des escadrons sont dans les baraques du premier rang.

Les baraques du petit état-major, des ouvriers, des conducteurs des équipages, des cantiniers et des blanchisseuses, forment le dernier rang du camp de la troupe.

La garde de police a son abri sur le même rang,

vers le centre du régiment; ses armes sont posées contre l'abri.

Les baraques des officiers ont leur grand côté perpendiculaire au front de bandière, pour *découvrir ce qui se passe dans le camp ;* elles sont placées sur **deux** lignes, en arrière et sur le prolongement des files de baraques de la troupe, celles des officiers d'escadron à une distance de trente pas, celles des officiers de l'état-major à trente pas plus en **arrière.**

Les capitaines campent derrière la droite de leur escadron, les lieutenants et les sous-lieutenants derrière la gauche; les chefs d'escadron campent derrière un des escadrons soumis à leur commandement.

Le colonel campe derrière le centre du **régiment,** le lieutenant-colonel à sa droite, les adjudants-majors, ensemble, à sa gauche; l'adjoint au trésorier **et le** porte-drapeau campent ensemble derrière un des escadrons de droite.

Les officiers de l'état-major ont leurs chevaux près de leurs baraques, sur le même alignement que **ceux** des escadrons.

Les chevaux à l'infirmerie sont placés sur une rangée, à la gauche ou à la droite du régiment. Les hommes qui en prennent soin sont établis dans des baraques formant une file particulière; l'artiste vétérinaire et ses aides occupent les dernières baraques sur le rang de celles du petit état-major.

Les forges et autres voitures sont parquées en arrière de l'infirmerie.

Les chevaux des équipages et des cantiniers sont

placés sur une ou plusieurs rangées, à hauteur des baraques de l'état-major, et sur l'alignement de ceux de l'escadron de gauche ou de l'escadron de droite.

Le poste avancé de la garde de police est à deux cents pas environ en avant du premier rang de baraques, et habituellement vis-à-vis du centre du régiment. Autant que la configuration du terrain le permet, il est établi comme celui de l'infanterie. Les chevaux sont placés sur une ou deux rangées.

Les latrines pour la troupe sont à cent cinquante pas en avant du premier rang de baraques; les latrines pour les officiers à cent pas en arrière de la ligne des baraques de l'état-major. Les unes et les autres sont entourées d'une feuillée.

154. La figure 125 représente le camp d'un escadron de quarante-huit files, dans des baraques de dix-huit hommes.

En rompant par division, on aura l'alignement des baraques de chaque division. La longueur du cordeau *cd* se calcule de la manière suivante :

Chevaux du demi-escadron. . . .		48
Id. pour deux trompettes. .		2
Id. pour trois sous-officiers.		3
Id. pour deux officiers. . . .		4
Id. pour un capitaine. . . .		2
Total des chevaux du demi-escadron.		59

Multipliant ce nombre par *deux pas et demi*, on a 147 pas $\frac{1}{2}$ pour la longueur du cordeau.

10.

Les baraques pour la cavalerie devant contenir les selles sont occupées par un moindre nombre d'hommes. Les petites baraques ont *un* homme de moins; les grandes *deux*. Par conséquent, les baraques de dix-huit hommes de la figure 125 ne contiendront que seize hommes.

Il y en aura trois pour la troupe et une pour les sous-officiers.

Les escadrons sont séparés par un intervalle de 18 pas.

Les régiments par 22 pas ½.

Les brigades par 45.

Les divisions par 75.

Camp d'une batterie d'artillerie (*fig.* 123).

155. L'artillerie campe toujours à proximité des troupes auxquelles elle est attachée.

Instruction sur le campement d'une batterie d'artillerie,
du 8 août 1835 (1).

Une batterie d'artillerie est campée dans trois files de baraques, une par section, séparées par deux grandes rues de 32 mètres de longueur; les rangées de baraques sont disposées de manière à former des rues transversales de 10 mètres.

Chaque baraque de 5^m,20 sur 4^m,75 contient 12 hommes : 1 brigadier ou artificier, 5 servants ou hommes ne conduisant pas de chevaux et 6 conducteurs.

---

(1) Voir au *Journal militaire.*

Elles pourraient, à la rigueur, n'avoir que 4^m,70 sur 4^m,70. En disposant les harnais comme on le fait ordinairement, les colliers des deux chevaux d'un même couple appuyés l'un contre l'autre, les attèles en dehors ; les colliers des deux autres chevaux du même attelage placés de la même manière, appuyés contre les premiers ; les deux selles par-dessus les colliers, l'une sur l'autre, les panneaux au-dessous ; les harnais de quatre chevaux occupent une longueur d'à peu près un mètre. Par conséquent, les harnais des chevaux soignés par les six conducteurs de chaque baraque prendraient 3 mètres, ou les $\frac{1}{5}$ de la bande destinée au placement des harnais, et il resterait, à la rigueur, un placement suffisant pour les selles des servants de l'artillerie à cheval. Mais en construisant pour l'artillerie, qui n'y logera que 12 hommes, des baraques de mêmes dimensions que celles de la cavalerie, qui peuvent en recevoir 14, les canonniers se trouveront parfaitement à l'aise, de leurs personnes et pour le placement de leurs effets.

Les baraques ont leur ouverture sur le front de bandière ; cette disposition, différente de celle adoptée pour la cavalerie, est nécessaire à cause du camp de l'artillerie à cheval, dans lequel les chevaux sont répartis des deux côtés des baraques.

Les chevaux des batteries montées sont placés sur une seule rangée à gauche et dans toute l'étendue de la file des baraques ; les prolonges ou piquets auxquels ils sont attachés sont fixés à 6 mètres de la file des baraques : les chevaux de trait des batteries à cheval sont placés de la même manière ; les chevaux des servants sont placés à droite, d'une manière analogue, dans une étendue correspondant aux quatre premières baraques de chaque file.

Les cuisines sont à 20 mètres en avant de chaque file de baraques.

Les sous-officiers des sections sont placés dans les baraques du premier rang ; ceux employés à la réserve sont logés à la baraque centrale du dernier rang ; les deux autres baraques de ce rang sont destinées, l'une à loger, au besoin, les hommes employés au service d'une infirmerie qu'il serait nécessaire d'établir, l'autre, à recevoir la blanchisseuse et la cantinière que la batterie pourrait avoir à sa suite.

Les baraques des officiers sont placées sur les files latérales, à 20 mètres en arrière de celles de la troupe, les capitaines à droite, les lieutenants à gauche.

Le parc est établi à 30 mètres en arrière des baraques des officiers, son axe dans le prolongement de celui du camp ; les intervalles entre les files de voitures sont de 3 mètres, afin que les visites et les travaux puissent se faire avec facilité ; la distance entre les rangs est mesurée par la longueur des attelages de six chevaux.

La garde du parc est placée à 20 mètres en arrière.

Enfin, conformément à l'usage, à 150 mètres en avant du camp on dispose, dans un lieu couvert, des latrines pour la troupe ; et à 100 mètres en arrière, on fait une disposition semblable pour les officiers.

Les batteries en bataille sont séparées des troupes et entre elles par un intervalle de vingt-quatre pas.

Le grand parc d'artillerie campe à trois cents pas en arrière du camp.

Cantonnements.

156. Lorsque les troupes se trouvent cantonnées en présence de l'ennemi, elles sont protégées par leur avant-garde et par des obstacles naturels ou artificiels.

Les cantonnements qu'on prend après une campagne ou pendant un armistice doivent, autant que possible, être établis en *arrière* d'une ligne de défense, et en avant des positions sur lesquelles les troupes se concentreraient en cas d'attaque par l'ennemi.

Les commandants d'armée tracent l'arrondissement de chaque division ; les généraux de division, celui de chaque brigade ; les généraux de brigade assignent à chacun des régiments sous leurs ordres l'emplacement de ses bataillons ou de ses escadrons.

Les généraux indiquent avec le plus grand soin les positions que doit occuper chaque corps sous leur commandement, dans le cas de rapprochement de l'ennemi ou d'apparence d'attaque.

Les officiers généraux s'établissent au centre de leur commandement, et, autant que possible, sur les grandes communications.

Bivouacs.

157. Les bivouacs sont établis de préférence sur des terrains secs, abrités, et à portée des ressources en vivres et en fourrages.

Lorsqu'un régiment de cavalerie doit bivouaquer, le colonel, après avoir pris les mesures de sûreté nécessaires, l'établit, autant que les localités le permettent, dans l'ordre suivant :

Le régiment étant en bataille en arrière de l'emplacement sur lequel il doit bivouaquer, le colonel fait rompre par peloton à droite. Les chevaux de chaque peloton sont placés sur une seule rangée et attachés comme il est prescrit pour le camp ; ils restent sellés toute la nuit. Les fusils, mousquetons ou lances sont d'abord formés en faisceaux en arrière de chaque rangée de chevaux ; les sabres, auxquels on suspend les brides, sont posés contre les faisceaux.

Les fourrages sont placés à la droite et sur le prolongement de chaque rangée de chevaux.

Deux gardes d'écurie par peloton restent près des chevaux.

Un feu est établi par chaque peloton vers le front de bandière, à vingt pas à gauche de la rangée des chevaux. Les hommes se placent à l'entour et construisent un abri, s'il est possible. Chaque cavalier porte alors avec lui ses armes et la bride de son cheval.

Les feux et les abris pour les officiers sont établis en arrière de la ligne des cavaliers.

L'intervalle entre les abris doit être tel que les pelotons puissent se porter facilement à leur place de bataille, soit en arrière, soit en avant du camp.

La distance où l'on est de l'ennemi détermine la manière dont les chevaux sont pansés et conduits à l'abreuvoir; quand il est permis de desseller, les selles sont placées en arrière des chevaux ; elles sont garnies de la schabraque ; la couverture est toujours pliée.

Dans les bivouacs *d'infanterie*, les feux sont établis en arrière de la ligne des faisceaux, sur l'emplacement qu'occuperaient les baraques, si l'on était campé ; les compagnies se placent alentour, et, s'il se peut, construisent des abris.

Lorsque les troupes bivouaquent devant l'ennemi, les généraux bivouaquent avec elles.

A raison de la conservation et de la subsistance des chevaux, on doit placer la cavalerie dans les villages, toutes les fois que la distance où l'on est de l'ennemi et le temps dont elle peut avoir besoin pour se rendre à sa place de bataille le permettent.

Quand les logements n'ont pu être préparés à l'avance, un adjudant-major de chaque régiment désigne l'emplacement des escadrons, d'après l'ordre de bataille. Les fourriers reconnaissent promptement les maisons assignées à leur escadron. Le logement est établi de préférence dans les fermes et dans les auberges qui sont pourvues de grandes écuries, surtout dans celles qui ont une place libre devant elles.

Le colonel indique un point de rassemblement en cas d'alerte ; ce point est ordinairement en dehors du cantonnement ; il doit offrir des issues commodes et une retraite assurée sur d'autres cantonnements ; les abords en sont rendus difficiles à l'ennemi.

Des Fours de campagne.

158. M. le maréchal Marmont, dans son ouvrage intitulé : *Esprit des Institutions militaires*, propose de donner à l'armée des moulins portatifs pour moudre le blé, toutes les fois qu'elle sera appelée à faire campagne dans un pays peu peuplé. Cette mesure prise par lui dans une campagne d'Espagne a réussi complétement. L'armée de Portugal, en 1812, a vécu ainsi pendant six mois. Ces moulins portatifs seraient utiles en Calabre, en Afrique, en Espagne, en Portugal, etc.

Le pain serait cuit dans des fours creusés en terre, comme il le dit lui-même ; il est donc urgent de connaître les différentes constructions de ces fours.

En rase campagne, ou dans des pays peu peuplés, on pétrit le pain dans des pétrins faits à la hâte, au moyen de trois madriers placés dans une excavation qui a $0^m,33$ de largeur au fond, pour recevoir un madrier, et 0^m55 dans la partie supérieure ; les deux talus sont inclinés au tiers et revêtus de madriers ; les extrémités du pétrin sont fermées par deux bouts de madriers.

La figure 126 représente la coupe d'un pétrin et de la fosse dans laquelle se place le boulanger pendant la manutention.

Le pain de munition est fait de farine de froment,

blutée à 15 pour cent d'extraction de son (1). Il est du poids de 1^k,50 et représente deux rations. Son diamètre est de 0^m,25, son épaisseur au centre de 0^m,08.

159. Les fours de campagne sont de différentes espèces. On remarque parmi ceux d'une construction facile, les *fours en terre*, les *fours en bois*, les *fours en gazons*, les *fours en torchis* (2).

On distingue dans un four : 1° l'*âtre*, qui est le sol du four sur lequel doivent reposer les pains : c'est un plan incliné vers la bouche du four d'environ 0^m,08 par mètre ;

2° La voûte ou chapelle ;

3° L'entrée ou la bouche ;

4° Les houras : ce sont des ouvertures de 0^m,10 en carré, pratiquées dans la voûte, à une distance du fond égale au quart de la profondeur ; la fumée s'échappe par les houras, ainsi que par la bouche, pendant la combustion ; ils peuvent être tenus ouverts ou fermés à volonté ; ils servent à distribuer la

---

(1) Le maréchal Marmont dit, page 98 de l'*Esprit des institutions militaires :* « Les moulins de l'armée de Portugal donnaient 30 livres de belle farine par heure. On a objecté à ce système, que les ordonnances ayant prescrit une extraction de son, cette opération compliquait la fabrication. Je réponds que les expériences faites avec soin ont prouvé l'inutilité de l'extraction du son, avec du blé de bonne qualité. Avec du blé, même médiocre, mais pur et sans mélange, le pain est toujours bon.

(2) Voir, pour plus de détails, le règlement sur le service des subsistances militaires, du 1er septembre 1827, p. 253. »

chaleur dans l'intérieur du four, et à faire échapper celle qui paraît surabondante au moment d'enfourner le pain ou pendant la cuisson ;

5° Le retable ou l'autel : c'est la partie du mur, au-devant de la bouche du four, sur laquelle le boulanger appuie et fait glisser la pelle quand il enfourne et défourne le pain.

160. FOURS EN TERRE. Les fours qu'on va lire sont extraits de l'ouvrage de M. Laisné, auquel on peut recourir pour plus de développements.

Trois mineurs, en se relevant fréquemment, peuvent creuser, en quatre ou cinq heures, un *four en terre*, de la manière suivante :

On choisit un talus naturel, ou l'on en fait un d'environ 2 mètres de hauteur dans un terrain résistant; à $1^m,10$ au-dessus du fond de la tranchée (*fig.* 127), on pratique un rameau de $2^m,00$ de longueur, très bas, très étroit et sans coffrage; arrivé à $1^m,25$ de l'entrée, on pousse deux autres petits rameaux, perpendiculairement à la direction du premier, puis on déblaie la terre comprise entre ces rameaux, de manière à rendre l'âtre un peu en pente vers la bouche, à lui donner une forme elliptique, et à cintrer la partie supérieure en calotte surbaissée. Enfin, si l'on a une tarière, il convient de percer un ou deux houras, mais souvent on s'en dispense.

Sans plus de travail, on chauffe ce four pendant dix heures pour le sécher, et on y enfourne le pain; les autres chauffes ne durent ensuite que deux ou trois heures.

On peut diminuer beaucoup la durée de la première *chauffe*, en pavant l'âtre avec des briques, ou en y enfonçant des cailloux.

Quand le terrain est marneux, ou de tuf, on est plus longtemps à creuser le four; mais alors on peut en augmenter les dimensions, au point de lui faire contenir 200 rations.

On compte au minimum 16 pains par mètre carré, ou 32 rations, et 19 ou 20 pains en les rangeant avec soin.

La disposition suivante (*fig.* 127, 128, 129) offre le double avantage d'abréger le travail et d'éviter le danger des éboulements. On creuse, en même temps que la rampe, une tranchée dans la longueur du four (moins la bouche), de $0^m,80$ de profondeur sur $0^m,30$ à $0^m,40$ de largeur; puis on creuse des portions de voûte en anse de panier, à droite et à gauche, de manière à avoir $1^m,50$ à $1^m,70$ de largeur pour l'âtre. On perce ensuite l'ouverture de la bouche dans le petit massif ménagé entre la tranchée et le palier, et l'on ferme cette tranchée avec 3 ou 5 gazons en voussoirs, en laissant un houra dans le fond.

On fait ainsi des fours de 100 à 150 rations.

Celui représenté (*fig.* 127) peut contenir 125 rations au minimum.

161. Fours en bois (*fig.* 130, 131, 132). On creuse sur le sol une excavation d'environ $2^m,50$ de longueur sur $2^m,50$ de largeur et $0^m,50$ de profondeur, en ménageant à l'âtre une pente de $0^m,08$ vers la bouche. On recouvre cette excavation avec des pièces de sa-

pin de $0^m,25$, ou de chêne de $0^m,15$ d'équarrissage au moins, et taillées sur leurs faces verticales, de manière à être posées bien jointives ; puis on jette sur ces bois toute la terre provenant du déblai de l'âtre et de celui de la rampe qui conduit à la bouche du four. Il faut bien damer cette terre, afin d'empêcher qu'il ne s'établisse des courants d'air entre les pièces de bois du ciel, qui alors seraient promptement brûlées. On ménage un houra en rampe dans le terrain du côté opposé à la bouche, ou bien on revêt ce houra en gazons, de manière que le courant de flammes qui s'y établit soit parfaitement isolé des bois du ciel. La bouche se pratique sous le gazon du terrain naturel, ou mieux on la maçonne avec des pierres ou des briques.

Lorsqu'on a pavé l'âtre, ou du moins quand il a été bien séché par une chauffe de 7 à 8 heures, le pain y cuit très bien, et les chauffes suivantes ne durent plus que 2 heures.

Quand l'âtre n'a pas assez séché, la croûte de dessous des pains cuit mal, et il devient nécessaire de renfourner les pains en les retournant.

Ces fours résistent à 5 ou 6 cuissons, et quelquefois davantage, avant que les bois ne soient trop carbonisés.

Il ne faut pas plus de *deux heures* pour construire cette sorte de four, quand les bois sont préparés.

Lorsqu'on n'est point pressé, et qu'on a des bois à discrétion, on isole l'âtre de la terre, et on le place sur un fort plancher, couvert de briques de champ, et supporté par des pieux.

La température, sous cet âtre, est très convenable pour faire lever le pain.

S'il arrive que le feu prenne au bois du ciel pendant une chauffe, on l'étouffe promptement en fermant bien le houra et la bouche avec des gazons.

Il suffit d'une demi-heure pour remplacer un ciel consumé.

Un pareil four peut contenir *deux cents rations*.

162. Fours en gazons. On les construit avec des gazons choisis, et bien coupés d'assises, comme si l'on se servait de briques. On donne aux pieds-droits 0^m,20 de hauteur, et on établit la voûte sur un cintre massif en terre, qu'on déblaie ensuite. Une précaution essentielle consiste à battre avec soin, à arroser chaque rangée de voussoirs, et à fermer la voûte (quand elle est cylindrique) avec trois rangées de gazons taillés fort en coin, qu'on introduit ensemble entre deux pelles plates, et qu'on enfonce en frappant sur un madrier qui recouvre cette clef, et en retirant peu à peu les pelles.

Pour diminuer le rayonnement du calorique, on recouvre la voûte de terre.

Ces fours sont d'une construction assez difficile, et exigent sept à huit heures de travail. Ils peuvent résister à plusieurs cuissons; mais si leur contenance dépassait cent rations, ils n'offriraient plus une solidité suffisante.

On fait aussi des fours en gazons, dont la voûte est en cul-de-lampe. Dans l'un et l'autre système de construction il faut employer des maçons.

Si l'on n'avait pas de ces ouvriers d'art, on ferait des fours de *cinquante* rations seulement, et sans même se servir de cintres : pour cela, on tracerait un âtre circulaire d'un diamètre de 1^m,25, on poserait les gazons par couches de niveau, chacune dépassant intérieurement la précédente, sur laquelle elle serait piquetée, et on continuerait ainsi jusqu'à la fermeture de la calotte.

163. FOURS EN TORCHIS (*fig.* 133, 134, 135). On établit l'âtre sur le terrain naturel ; on trace le four en cul-de-lampe, de manière qu'il contienne 100 à 150 rations environ, et on donne 0^m,75 de flèche à sa voûte. La carcasse est formée de menus branchages, flexibles, piqués en terre, distants de 0^m,15 les uns des autres, recroisés et maintenus par des harts. On mêle de la paille, ou de grandes herbes nouvellement coupées, avec de la terre argileuse et détrempée, et on en forme, par la torsion, de grosses cordes ou saucissons. On clayonne, avec ces saucissons, autour des branches de la carcasse, comme si l'on faisait un gabion ; puis on applique, à la main, un enduit de terre gâchée, à l'intérieur et à l'extérieur, de manière à donner 0^m15 d'épaisseur à l'enveloppe ; enfin, on la recouvre de terre sèche, en y ménageant un houra ; cette couche de terre, réduite à 0^m,10 d'épaisseur sur le sommet de l'extrados, s'élargit jusqu'au sol pour résister à l'écrasement de la carcasse.

Il suffit de *deux* heures, à trois hommes exercés, pour construire ce four et sa rampe.

La première chauffe n'a besoin que de durer trois

à quatre heures, et l'on peut avoir du pain cuit cinq heures après le commencement du travail.

Ces fours résistent au moins à huit ou dix chauffes : quelquefois même on a été obligé d'en démolir à coups de pioche après huit fournées. Ils résistent également à de fortes pluies, et ils sont peut-être les meilleurs à employer en campagne.

164. Il existe, pour la construction des *fours en torchis*, un autre procédé qui exige moins d'adresse et qui offre cependant *plus de garantie de solidité*. On fait auprès de l'emplacement du four, pendant qu'on prépare la rampe et le palier de service, deux gabions formés chacun d'une *vingtaine* de piquets de $1^m,50$ de hauteur, et clayonnés d'une manière moins serrée que les gabions ordinaires, sur $1^m,25$ à partir du sol. Ces gabions sont d'une forme demi-circulaire, ou demi-elliptique, appuyée sur un diamètre de $1^m,50$ à $1^m,60$ de longueur (*fig.* 136), en sorte que, couchés l'un au bout de l'autre, sur leur partie plate, et suivant l'axe du four, ils présentent un berceau d'environ $2^m,50$ de long, sur $1^m,50$ de large et 0^m70 de hauteur dans œuvre. On enduit alors l'intérieur et l'extérieur de ce berceau avec un torchis que l'on fait pénétrer dans les joints des clayons. La face plate est également recouverte d'une pareille couche pour former l'âtre, qu'on est ainsi dispensé de paver. Le fond et le devant du four sont fermés, soit par des murs en gazons, ou en torchis sans clayonnage, soit par un torchis sur clayonnage, fait en plantant verticalement quelques piquets qu'on en-

trelace de menues branches. Dans tous les cas, on ménage la bouche du four sur le mur de devant, et un houra dans le berceau. On appuie les reins du berceau par un remblai, qui s'oppose en même temps à la déperdition de la chaleur. Si l'on craint l'écrasement du berceau par le poids de ce remblai, on a l'attention d'adapter, au sommet du berceau, des harts qui sont recouvertes par le torchis à leurs points d'attache, et qui, sortant verticalement au dehors du remblai, peuvent se fixer à une traverse longitudinale, maintenue au dessus de l'extrados sur des chevalets en piquets (*fig.* 133 et 135). Cette précaution serait bonne aussi pour les fours construits d'après le premier procédé.

Un pareil four contient *cent* rations.

La chose importante est que la température de l'intérieur du four se maintienne constante pendant 45′ à 50′, durée d'une fournée : elle doit être de 120° centigrades au commencement, et se trouver encore au moins de 80° à la fin. Pendant la cuisson, il faut fermer les houras et la bouche aussi hermétiquement que possible. A cet effet, on ménage, s'il se peut, une feuillure à la bouche des fours pour y appliquer une porte formée de planches redoublées.

Le maximum de capacité des fours en briques est de cinq cents rations, parce qu'il faut dix minutes pour enfourner deux cent cinquante pains, et que les pains sont ou brûlés ou trop cuits quand il y a plus de dix minutes d'intervalle entre la mise au four des premiers et des derniers.

DEUXIÈME PARTIE.

Fortification permanente.

Fortification des anciens.

165. Les premières enceintes des villes durent être de palanques. En 1588, *Ratzeburg*, ville située dans des marais non loin de Lubeck, était ainsi fortifiée : elle avait une double enceinte de palanques ; derrière la seconde se trouvait un terrassement pour élever et couvrir les pièces. Comme cette ville était dans une île, on l'avait entourée d'une ligne de pilots assez rapprochés pour empêcher l'abordage en bateaux. D'autres étaient en palissades reliées entre elles par un clayonnage en osier. De pareilles fortifications étaient appliquées par les Américains. Lors de la conquête du Mexique, en 1519, *Tabasco* avait une palanque. Cook, dans son voyage à la Nouvelle-Zélande, en 1767, signale des villages fortifiés nommés *heppahs*. Ils étaient entourés d'une palissade reliée de baguettes d'osier. Dans la suite, on établit ce clayonnage assez solidement pour soutenir un remblai en terre provenant d'un fossé creusé en avant. Ce remblai élevait les défenseurs et recevait les machines de guerre. Le fort carré de *Zolnoch* (Haute-Hongrie) était ainsi en 1617. *Dotis* (Hongrie) n'avait qu'une tour ainsi construite ; le parapet du

fort était en clayonnage. *Varasdin*, en Croatie, située sur la Drave, avait les courtines de la ville en
palissades clayonnées; un seul bastion du fort était
de cette même construction.

Si ces enceintes ont existé en Europe jusqu'au
XVIIe siècle, c'est que le terrain marécageux où ces
villes furent bâties rendait impossible l'établissement
de la maçonnerie.

166. La facilité que les assaillants avaient pour se
cramponner à ce clayonnage et escalader ces enceintes détermina plus tard à leur substituer des murailles en maçonnerie bordées d'un petit parapet derrière lequel les hommes se plaçaient.

On parvenait au haut de ces murailles par des
escaliers placés de distance en distance. Ces murs en-
veloppaient les villes d'une manière irrégulière. On
s'aperçut bientôt que ces enceintes circulaires ou po-
lygonales ne permettaient pas de découvrir l'ennemi
arrivé au pied des remparts. On imagina alors d'é-
tablir des *tours circulaires* (*fig.* 139, 140), comme en
possédaient Alise et Dyrrachium. Ces tours ordinairement renfermaient les escaliers qui conduisaient
à leurs plates-formes supérieures. Des tours on ar-
rivait aux courtines par des ponts mobiles A, A', qu'on
retirait dans l'intérieur quand on abandonnait la courtine; on fermait la porte, et les archers de la plate-
forme écrasaient de leurs traits les assaillants maîtres
de la courtine.

Quelquefois les escaliers qui conduisaient à la
courtine étaient placés en B. On évitait ainsi le dan-

ger de voir l'assaillant pénétrer dans la tour en même temps que les défenseurs chassés de la courtine.

La partie supérieure des murs fut bientôt modifiée. Pour mieux couvrir les défenseurs, on éleva le parapet de deux mètres ; et pour permettre le maniement des arcs et des piques, on échancra ce parapet. On obtint ainsi des *créneaux* (*fig.* 141).

Telles étaient à peu près les places anciennes ; les ruines du *vieux Navarin*, l'antique *Pylos*, l'attestent.

167. ATTAQUE DES PLACES CHEZ LES ANCIENS. On attaquait ces places de deux manières : par l'attaque régulière qui constituait le *siége,* ou par l'*escalade.*

Lorsqu'on voulait faire le siége d'une ville, on établissait son camp au-delà de la portée des armes des défenseurs, puis on enveloppait cette place par une ligne de *circonvallation* faisant face aux ennemis de la campagne, pour empêcher les secours de pénétrer. A *six cents mètres* de ce retranchement, et du côté de la ville, on élevait une ligne de *contrevallation* pour garantir le camp des insultes de l'assiégé. Puis, au moyen du *frondibale,* de la *baliste,* de la *catapulte,* on lançait des projectiles sur l'ennemi. Pendant qu'on éloignait ainsi les défenseurs, on poussait en avant une espèce de baraque solidement construite en madriers, et montée sur des roulettes. Ces baraques se nommaient *vignes.* La première (*fig.* 142) était dite : *tortue d'approche* ; elle avait un avant-toit pour garantir les hommes chargés d'aplanir le terrain à mesure que l'on avançait, ou de combler les fossés que l'on rencontrait.

Arrivé au pied de la muraille, on armait la *tortue* d'un *bélier*, forte poutre suspendue horizontalement par son centre de gravité, et dont la partie destinée à battre la muraille était armée d'une *tête de fer*. Avant cette opération, on employait quelquefois une *tarière* (*fig.* 137) pour percer le mur et en préparer la démolition par le *bélier* (*fig.* 143).

On s'aidait, dans ces opérations, de *corbeaux démolisseurs* (grandes griffes), avec lesquels on arrachait les pierres ébranlées. Lorsque la brèche était facile, on donnait l'assaut.

Dans quelques circonstances, l'assiégeant, parvenu au pied des murailles, élevait des tours en bois qu'il construisait par l'intérieur (*fig.* 144). Ces tours, dites *hélépoles*, faites d'avance, se montaient sur place comme nos blockhauss. Les différents étages étaient percés de meurtrières (1) pour en défendre les approches. L'étage supérieur contenait un pont-levis qu'on abattait sur la muraille, et par lequel débouchaient les assaillants.

Les premières tours furent employées au siége de Tyr et de Jérusalem, par Nabuchodonosor, l'an 587

---

(1) Une *meurtrière* est une ouverture pratiquée dans un mur, pour donner passage aux armes de l'assiégé lorsqu'il se défend. Un *créneau* est une *échancrure* pratiquée sur la partie supérieure d'une muraille. Aujourd'hui, on leur donne indifféremment le nom de *créneau*.

avant J-C. En 1342, le duc de Lancastre en fit construire une pour prendre Rennes ; mais l'intrépide Duguesclin la brûla, dans une sortie à la tête de cinq cents des siens, malgré huit cents Anglais postés pour la défendre.

Pour se garantir de l'effet de ces tours, et ne pas cesser de commander l'assaillant, les assiégés construisaient quelquefois des tours en charpente au-dessus des tours en maçonnerie. Villehardouin rapporte que Marzufle, assiégé dans Constantinople par les croisés français et vénitiens, en éleva de semblables.

Quand on voulait pénétrer dans une place par la *mine*, on creusait un *puits* sous une vigne. Puis on pratiquait un *rameau* jusque sous les fondations des murailles. Là, on déblayait une *galerie* en soutenant la muraille par des étançons. On remplissait la galerie de matières inflammables, et on y mettait le feu. Les étançons brûlaient, la muraille croulait, et la brèche était ordinairement praticable. Quelquefois l'assiégé établissait des contre-mines.

Quand le temps manquait, on tentait *l'escalade* au moyen de grandes échelles ou *sambuques* ; on la tentait aussi en se servant de *tollénos*. Le tolléno (*fig.* 145) était une machine destinée à enlever des hommes et à les déposer sur le parapet. Ces hommes tombaient sur les sentinelles, égorgeaient un poste et ouvraient une des portes de la ville.

Moyen-âge.

168. Vers le neuvième siècle, l'extension du régime féodal, et la nécessité de résister aux invasions réitérées des Danois et des Normands, engagèrent chaque seigneur à se retrancher sur sa terre. C'est à cette époque que la France se couvrit d'une multitude de châteaux forts.

Les premiers consistaient en une simple tour élevée sur une butte entourée d'un fossé. Ces tours étaient à plusieurs étages. Au rez-de-chaussée, les écuries et le puits ; au premier, les hommes d'armes ; et les seigneurs aux étages supérieurs.

Plus tard, on construisit des écuries et des logements pour les soldats, à côté de la tour, dans des bâtiments séparés, mais renfermés dans une cour par un mur crénelé. Cette enceinte avait assez d'épaisseur pour recevoir des hommes sur la partie supérieure. Bientôt on eut une seconde tour à l'opposé de la première, pour supporter les premiers efforts de l'assiégeant. La grosse tour fut réservée exclusivement au seigneur, elle prit le nom de *donjon ;* elle était toujours la plus grosse, et bâtie sur le point le plus élevé. C'était là que le seigneur se retirait avec ses soldats lorsqu'il avait perdu l'enceinte.

Au douzième siècle, on voit s'élever des forteresses plus puissantes. Elles sont composées de murailles flanquées de tours. Dans les pays du Nord, ces tours restent rondes fort longtemps. Dans le Midi, elles prennent une forme carrée, construction affectionnée par les Arabes et par tous les Orientaux. Les ruines de Paléoklepto, en Morée, le prouvent.

L'enceinte du palais des rois maures, à Grenade, était flanquée de tours *carrées*, réunies par des courtines non crénelées, mais percées çà et là de meurtrières. Quelques tours et courtines de la seconde enceinte étaient crénelées.

169. Au retour des croisades, on voit apparaître les *moucharaby* (*fig*. 146). Ce sont des balcons munis d'un parapet à jour dans la partie inférieure, pour défendre les portes et les fenêtres qu'il était possible d'escalader.

L'enceinte d'Aigues-Mortes présente des moucharaby.

170. Le bon effet qu'on obtint des moucharaby donna l'idée de les employer à la défense du pied des remparts. Ils prirent alors le nom de *machicoulis*. Au quatorzième siècle, l'emploi en devint général. Les tours et les courtines en étaient garnies. On les construisait au moyen d'encorbellements en pierres de taille, qu'on espaçait de manière à laisser des ouvertures par lesquelles l'assiégé pût jeter des projectiles sur l'assaillant parvenu dans les fossés. La partie saillante de ces pierres supportait le parapet en maçonnerie destiné à couvrir les défenseurs.

L'enceinte de Vitré (Ile-et-Vilaine) en est encore garnie, de même que la tour de César à Brest, la façade du château de Josselin (Morbihan) qui donne sur le canal, etc.

La figure 147 représente des *machicoulis* vus de

face et la coupe de l'un d'eux. Les encorbellements de ces machicoulis varièrent de forme (*fig.* 148). Ils devinrent ou carrés, ou à plein cintre, ou à trèfles, etc.

171. L'architecture des créneaux dépendit du caprice des peuples ; la maçonnerie qui les séparait et qu'on appelait le *bouclier* des créneaux était tantôt rectangulaire (*fig.* 147), comme ceux d'Avignon et de l'enceinte de Navarin ; tantôt en ogive (*fig.* 150); ou découpée (*fig.* 152), comme à la mosquée de Cordoue et autour de la plate-forme du minaret de la mosquée d'Eln-Touloun au Caire, sa sœur aînée ; ou à deux dents (*fig.* 149), comme à l'enceinte de Notre-Dame de Lorette en Italie ; enfin, couronnée par une petite pyramide (*fig.* 151) : l'enceinte de la ville de Grenade était crénelée de cette façon. La mosquée d'Eln-Touloun au Caire est garnie de créneaux de la forme indiquée figure 153.

172. La porte d'un château fort était toujours placée entre deux tours liées entre elles par un bâtiment (*fig.* 154) qui renfermait tous les moyens de défense de l'entrée. La porte se fermait d'abord par un *pont-levis*. On appelle *pont-levis* un tablier mobile qu'on redresse verticalement contre une porte, au moyen de deux leviers qu'on manœuvre de l'intérieur (*fig.* 155). En arrière se trouvait une *herse*, forte grille en fer qu'on descendait du bâtiment au-dessus de la porte, et qui glissait dans des rainures. Comme on pouvait en empêcher le jeu en arrêtant une voiture ou tout autre obstacle sous la porte, on imagina une autre clôture, nommée *orgue*, formée de pieux indé-

pendants les uns des autres, qui glissaient dans des rainures.

A côté de la grande porte s'en trouvait ordinairement une petite pour les piétons. Le prieuré de Saint-Jean-Duvivier (Oise), la porte Saint-Jean à Provins, la façade intérieure du château de Tonquedec (Côtes-du-Nord), le château de Loches, les plans de la Bastille et beaucoup d'autres en offrent des exemples.

173. Les tours de l'entrée étaient percées de meur-trières et garnies de machicoulis. Les tours de l'enceinte variaient de forme. Elles étaient *rondes*, comme celles de la Bastille, bâtie sous Charles V; *carrées*, comme celles de Messine en 1617; octogonales à l'extérieur, comme le donjon du château d'Élven, à douze kilomètres de Vannes (1).

174. Aux angles de la partie supérieure des tours, on construisait quelquefois en saillie une petite tourelle percée de meurtrières, nommée *échauguette*; on en voit à la tour de Narbonne, à la porte de Moret. Dans d'autres forteresses, on les plaçait au saillant des bastions, pour mieux entendre ce qui se passait dans les fossés. Ce sont ces guérites de pierres qu'on

---

(1) A l'intérieur, cette tour est *carrée* au rez-de-chaussée, hexagone au premier étage, et octogone dans la partie supérieure; de sorte que le grand escalier se trouve dans l'épaisseur du mur et dans la partie saillante du triangle formé par deux côtés de l'octogone et un côté du carré. A l'opposé est un petit escalier intérieur et dans l'épaisseur des murs. Au deuxième étage, un couloir réunit les deux escaliers.

voit encore aujourd'hui au fort de Bellegarde (Pyrénées-Orientales); au bastion Sourdéac du château de Brest, érigé en 1597.

La grosse tour carrée, donjon du palais royal de Ségovie, en avait aux quatre angles, plus une sur le milieu de certaines faces, et deux sur d'autres.

Les fortifications de la ville de Nancy, en 1615, étaient garnies d'échauguettes aux angles saillants et aux angles d'épaule de tous les bastions. Quelques courtines en avaient même sur leur milieu (1).

175. Les ponts qui conduisaient aux ponts-levis étaient généralement défendus à leur entrée, ou sur leur milieu, par une ou deux tours, au milieu desquelles se trouvait une porte, dont la défense était organisée de manière à résister aux attaques brusques de l'ennemi.

Au dix-septième siècle, l'Ecluse, en Belgique, ne comprenait que la partie aujourd'hui entourée d'eau ; on en sortait par trois ponts, dont deux étaient couverts par des tours. A la même époque, le grand pont de Poitiers était fermé à son entrée par une forte et haute tour carrée, munie d'une échauguette à chaque angle.

Il existe encore trois de ces tours sur le vieux pont de Cahors (Lot).

C'est une de ces nombreuses forteresses, le châ-

---

(1) Cette ville fut démantelée, par suite du traité de Vincennes en 1661, pour affaiblir Charles IV, duc de Lorraine.

teau de Broye, qui abrita la fortune de la France, le soir de la bataille de Crécy (1346).

Invention de la poudre.

176. Après l'invention de la poudre, le bouclier des créneaux fut percé de meutrières dont la forme varia. De grandes modifications furent aussi apportées à l'enceinte et aux tours, lorsqu'on voulut appliquer la nouvelle artillerie à la défense des places. Le petit parapet vertical en maçonnerie fut placé au-dessus de la muraille. A l'intersection du revêtement et du petit parapet on laissa régner une pierre C en saillie, à laquelle on donna le nom de cordon (*fig.* 157). On baissa la plate-forme supérieure des tours au niveau des courtines; on les ouvrit à la gorge, et elles furent de plain-pied avec les courtines. Ainsi l'indique un plan de Grenoble, fortifié par François Ier.

On appliqua derrière cette nouvelle enceinte un parapet en terre P, et un rempart en terre R de 8 mètres d'épaisseur environ, pour permettre la manœuvre des nouvelles pièces. Son talus, du côté de la ville, était ou revêtu, ou incliné à 45°.

177. Les tours rondes présentaient peu de facilité pour la manœuvre de l'artillerie, et, vu leur exiguité, il n'y avait guère qu'une pièce qui pût convenablement battre le fossé (*fig.* 156). Les tours carrées A, B parurent mieux convenir, et le flanquement fut reconnu meilleur. On s'aperçut bientôt qu'en abandonnant les machicoulis, qui ne pouvaient plus résister à la nouvelle artillerie, la partie *mn* des tours n'était pas vue ; pour parer à cet inconvénient, on brisa cette face, de manière à en obtenir deux, *mo, no*, dans la direction des coups de feu partis des tours adjacentes. Ces tours eurent alors la forme d'un petit *bastion*.

C'est vers le commencement du seizième siècle que les bastions remplacent complétement les anciennes tours. L'application première en fut faite à Vérone par un ingénieur italien.

178. La nullité des anciennes fortifications, en présence des nouveaux moyens d'attaque, engagea chaque peuple à chercher le système le plus convenable pour mettre les villes importantes à l'abri des agresseurs. On éleva, en outre, sur les frontières, des places de guerre capables d'arrêter les efforts d'un ennemi entreprenant et de donner le temps de réunir les troupes nécessaires pour le repousser. Cette fortification, dont les fossés sont revêtus en maçonnerie, est dite *fortification permanente*.

Dans l'offensive, ces places servent de première base d'opération ; on y réunit tout le matériel nécessaire pour entrer en campagne, les approvisionnements de guerre et de bouche. Dans une retraite devant un ennemi supérieur, elles servent de points d'appui à l'armée battue, et quelquefois même elles en recueillent les débris, qui s'y renferment en attendant des secours qui puissent leur permettre de reprendre l'offensive. D'après ces considérations, on vit bientôt paraître des systèmes italiens, des systèmes espagnols, hollandais et français.

179. Quand une place est fortifiée, si l'on réunit par une droite tous les saillants des bastions, on obtient un polygone qui est *extérieur* à l'enceinte. Si on prolonge toutes les courtines, elles se rencontrent et forment un polygone *intérieur* à la fortification.

Certains ingénieurs se sont basés pour développer leurs systèmes sur le polygone *extérieur*, d'autres sur le polygone *intérieur*.

Le polygone *extérieur* a prévalu, parce qu'il permet de placer de prime abord les bastions sur les points les plus favorables à la défense. En se servant du polygone *intérieur*, la position du saillant des bastions varie suivant l'ouverture de l'angle de ce polygone.

180. Les maçonneries sont inclinées au cinquième ou au sixième ; de sorte que sur les plans, les escarpes sont quelquefois représentées par deux lignes : une *forte*, indiquant la partie supérieure de la muraille, c'est-à-dire le *cordon ;* et une *faible*, extérieurement à la place, figurant le pied de cette muraille. Cette seconde ligne est à une distance de la première égale au cinquième ou au sixième de la hauteur du revêtement, suivant son inclinaison. On trace habituellement les systèmes par la projection du *cordon* du corps de place, qu'on appelle *magistrale*.

Système italien (fig. 158). *Système espagnol* (fig. 159).

181. Dans les deux systèmes on se sert du polygone *intérieur* qu'on divise en six parties. Aux premières divisions extrêmes c, c', on élève des perpendiculaires égales au sixième. Ces droites cf, $c'f'$ sont les flancs. Dans le système italien, les faces des bastions s'obtiennent en joignant f et f' aux secondes divisions extrêmes d et d'. Dans le système espagnol, on a les faces par les directions $c'f$, cf' prolongées.

D'après ce qu'on a vu en fortification passagère, il est facile de remarquer que le système espagnol était supérieur, à cette époque, au système italien, puisqu'il n'attachait pas d'importance aux feux obliques des parties $d'c'$ ou dc de la courtine, pour la défense des fossés.

Ces deux systèmes ont beaucoup d'analogie, et les flancs sont disposés de manière à défendre plutôt la courtine que les faces.

Plus tard, on voit les *Italiens* employer de grands bastions à *orillons* (1) dans les fortifications d'Hesdin, bâtie, en 1554, par Emmanuel de Savoie, d'après les ordres de Charles-Quint, empereur d'Allemagne.

La citadelle de Cambrai, construite sur un carré, en 1543, est aussi à orillons.

Tracé d'Errard de Bar-le-Duc.

182. L'état de la fortification, en France, à l'avènement de Henri IV au trône, en 1589, était à peu près comme au quatorzième siècle. Les guerres civiles en avaient arrêté les progrès. Sully, alors surintendant des fortifications, s'apercevant que la plu-

____

(1) On appelle orillon cette partie A du bastion destinée à couvrir le flanc (*fig.* 160).

part des places n'étaient pas en état de résister à une attaque soutenue d'artillerie, prit la résolution d'y faire travailler.

Errard de Bar-le-Duc, un des principaux ingénieurs de ce temps, fut chargé de la conduite de ces travaux, et, en 1594, il fit paraître un traité, afin de poser des règles fixes.

Il établit en principe (1) :

1° Que les angles saillants n'auraient pas moins de 60°, ni plus de 90° ;

2° Que les parties flanquantes ne seraient jamais éloignées des parties flanquées au-delà de la portée du mousquet, 260 à 300 mètres (La défense des places est basée sur la *mousqueterie*, et non sur l'artillerie, dont le service est lent, et peut manquer lorsque les pièces sont démontées. Errard se donne ainsi l'avantage de deux moyens de défense, parce que le canon portera toujours où le fusil frappera ; il peut donc alterner l'emploi de ces différents agents, ce qui ne pourrait avoir lieu en basant la défense des places sur la portée du canon.) ;

3° Que les parties flanquantes seraient construites de manière à résister au canon ;

4° Que toutes les parties d'une fortification devaient être vues et flanquées ;

5° Que les ouvrages qui composent un front bastionné devaient être d'autant plus élevés qu'ils étaient

---

(1) Les traités d'Errard, de Deville, de Marolais, sont extraits de Cormontaingne et de Noizet-Saint-Paul.

plus près de la place ; de façon que ceux qui étaient en arrière pussent toujours voir et dominer les ouvrages en avant.

C'est d'après ces préceptes qu'Errard a construit son système.

Tracé (*fig.* 161). Soit AB le côté *extérieur*. AR, BT les capitales des bastions. On fait RAD et TBC de 45°. On divise ces angles en deux par les droites AC et BD. Ces droites coupent les premières en C et D, et la droite CD est la courtine. Des points C et D, on abaisse des perpendiculaires CI, DM sur les faces opposées ; on les divise en trois parties et la première CF sert de flanc. Pour construire l'orillon FGOI, on mène FG parallèle à la courtine et de 6 à 8 mètres de longueur. On trace GO parallèle à FI, et l'on décrit un arc de cercle sur GO. Cet arc de cercle est tangent à la face, puisque GO lui est perpendiculaire par construction.

L'orillon peut être à pan coupé, on le nomme alors *épaulement* ; sa position est déterminée ici suivant les droites GO, HK.

Dans ce tracé, les flancs perpendiculaires aux faces adjacentes ont le défaut d'étrangler les bastions. Le *revers* de l'orillon *parallèle* à la courtine gêne les feux de flanc, dont l'action ne peut s'établir que très obliquement sur les fossés des bastions. Ces orillons sont trop forts.

Errard construisit une partie de l'enceinte de Doulens.

La facilité avec laquelle les Espagnols s'emparèrent

d'Amiens, en 1597, engagea Henri IV à y faire élever une citadelle. Errard y appliqua en entier son système.

Tracé du chevalier Deville.

183. Le chevalier Antoine Deville, né à Toulouse en 1596, fut un des ingénieurs les plus distingués du règne de Louis XIII ; il s'attacha à perfectionner ce qu'Errard n'avait fait qu'ébaucher. Il publia en 1629 un traité, dans lequel il expose son système de la manière suivante (*fig.* 162) :

Soit AB le côté *extérieur*, qu'il divise en six parties. Aux premières divisions extrêmes, il élève des perpendiculaires à la courtine égales à une de ces divisions. Puis il fait l'angle saillant de 90°, d'après le principe posé par Errard. A cet effet, il abaisse du point F une perpendiculaire sur la capitale et fait $rS = rF$. Le flanc est divisé en trois parties. Dx est pour le flanc et les deux autres tiers pour l'orillon, qu'il décrit de la manière suivante : on joint le point x au saillant du bastion opposé S, ce qui détermine la direction du *revers* de l'orillon ; on fait $vx = xD$. Au point v il élève une perpendiculaire vz sur vS ; sur cette droite, comme corde, il construit un arc de cercle tangent à la face du bastion. Puis on prolonge xn de 14^m, et la droite En parallèle à Dx donne un second flanc.

Dans ce système, il y a deux flancs : un flanc *bas* Dx, dont le terre-plein, large de 8^m, est au niveau du terrain naturel ; et le flanc *haut* En, dont le terre-plein est au niveau du rempart du bastion et du corps de place. Il a copié en cela les auteurs Alghisi da Carpi, Marchi, et bien d'autres qui donnent des flancs *hauts* et des flancs *bas* à leurs bastions.

L'orillon, ainsi construit, peut contenir quelques pièces.

Le système de Deville est supérieur à celui d'Errard. Les flancs hauts et bas défendent mieux le fossé du bastion, quoique d'une manière oblique.

Le défaut de ce système, c'est d'avoir des flancs reculés En, qui étranglent les bastions et gênent la circulation des troupes. De plus, les deux droites Sx et CD étant convergentes vers l'intérieur du bastion B, les flancs sont d'autant plus petits qu'ils sont plus reculés.

Les flancs bas, auxquels on arrive par une *poterne* (1) pratiquée dans l'épaisseur du rempart, ne sont plus tenables dès que l'ennemi les bat directement, parce que les projectiles, qui frappent la muraille du flanc haut, enlèvent des éclats qui blessent ou tuent les défenseurs des flancs bas. La coupe (*fig.* 163) fait voir la position respective des deux flancs et la poterne. Cette communication est tracée en points sur la figure 162.

Ce système a beaucoup de ressemblance avec celui que les Italiens appliquèrent aux fortifications d'Hes-

---

(1) On appelle *poterne* une communication voûtée qui conduit *ordinairement* dans les fossés des ouvrages. La largeur des poternes varie de 2 à 4 mètres.

din, 75 ans avant la publication de l'ouvrage de Deville.

L'enceinte de Calais et celle de Montreuil-sur-Mer sont de lui. Les deux bastions plats de Charlemont, qui regardent la campagne, ont été construits d'après le système de Deville. Vauban les a réparés. Trois fronts de la vieille citadelle de Verdun sont aussi de Deville.

Tracé de Marolais.

184. Marolais, ingénieur hollandais, apparaît sur la scène après Errard de Bar-le-Duc. Un de ses ouvrages est de 1613, un autre de 1627.

Nous ne parlerons du tracé de cet auteur que pour signaler la double enceinte qu'on y remarque. La figure 164 donne le plan des deux enceintes, dont le profil est représenté figure 165.

Les flancs de ce système sont perpendiculaires à la courtine, comme dans les systèmes espagnols.

Le corps de place *abcdef* est terrassé et revêtu en maçonnerie. A $13^m,33$ en avant se trouve l'*escarpe* d'une *seconde enceinte*, dont le terre-plein est au niveau du sol naturel. On avait calculé le relief du corps de place pour que l'artillerie des deux enceintes pût jouer en même temps ; mais l'expérience prouva bientôt qu'il était impossible de se maintenir sur le terre-plein de cette seconde enceinte, nommée *fausse-braie*, quand l'ennemi battait l'escarpe placée en arrière. Les éclats de pierre enlevés par les boulets tuaient les hommes, et les débris encombraient bientôt le terre-plein qui n'avait que 7 à 8 mètres de largeur.

Les faces et les flancs de cette *fausse-braie* étaient d'ailleurs enfilés par les batteries ennemies B, B', placées dans la campagne, ce qui obligeait à les abandonner. La partie *op*, parallèle à la courtine, échappait seule à l'enfilade ; cependant les autres inconvénients s'y reproduisaient également.

La *fausse-braie* avait encore l'inconvénient de diminuer la hauteur du corps de place et d'en faciliter l'escalade.

185. Tous ces systèmes étaient précédés d'un fossé plus ou moins large, variant de 30 à 40 mètres, et dont la contrescarpe était parallèle à l'escarpe.

186. A 5 ou 6 mètres en avant de cette contrescarpe, on élevait un petit remblai G (*fig.* 165), incliné à 45° du côté de la place et terminé en glacis vers la campagne. On ménageait ainsi, le long de la contrescarpe, un petit chemin que les patrouilles suivaient la nuit pour veiller à la sûreté de la place et éviter les surprises, ou les faire échouer en donnant l'alarme. Ce chemin, qui était à l'abri des feux directs de l'assiégeant, prit le nom de *chemin couvert*. Les parties saillantes P, P' sont dites *places d'armes saillantes du chemin couvert du bastion;* T est la *place d'armes saillante du chemin couvert de la demi-lune ;* R, R sont les *places d'armes rentrantes* du chemin couvert.

187. Dans la partie rentrante des contrescarpes D, on éleva un petit ouvrage circulaire pour couvrir le débouché des ponts qui conduisaient aux portes. Ce petit ouvrage remplaça la tour qui fermait le pont au moyen-âge. La forme en fut arrondie, comme on le

voit, en *r* (*fig.* 158); de là lui vint le nom de *demi-lune*, qu'il a conservé jusqu'à nos jours, quoique sa forme ait changé. Il porta aussi le nom de *ravelin*, parce qu'il occupait la partie basse du terrain, les bastions étant ordinairement établis sur les points élevés.

Les anciens plans de nos places de guerre indiquent encore de ces demi-lunes circulaires. On en voyait une devant la porte de la rue de l'Hôpital-Saint-Jacques, à Tournay. La porte du Moulin, à Arras, et celle de Bonneville, avaient des demi-lunes circulaires. Il en était de même de toutes les portes de Lewarden, en 1580.

⌘

188. Avant de pousser plus loin, il est utile de jeter un coup d'œil sur la manière dont on procède aujourd'hui à l'attaque des places, afin de se faire une idée du mode de défense à employer, du danger que courent les places, et de juger de la valeur intrinsèque des tracés que nous avons encore à examiner.

Après tous les préliminaires d'attaque que nous verrons plus tard, les assaillants ouvrent une tranchée à 600 mètres environ de la place. Les terres de cette tranchée sont rejetées vers la place, et forment une partie du parapet. Le fond de cette tranchée sert de terre-plein aux assaillants, et la profondeur qu'on lui donne augmente d'autant la hauteur du parapet.

On s'avance en zigzags vers la place, en élevant

des batteries à ricochet pour balayer les remparts et détruire les défenses. On parvient ainsi jusqu'au glacis, dans l'épaisseur duquel on marche jusqu'à ce qu'on soit à 6 mètres de la ligne de feu du chemin couvert de la demi-lune. Là s'établissent des *batteries de brèche* H,H (*fig.* 164). Ces batteries tirent par les trouées du fossé de la demi-lune. Au temps de Deville, elles faisaient brèche à la courtine, près des angles rentrants; ceci explique pourquoi les flancs étaient disposés de manière à battre directement le fossé de la courtine et non ceux des bastions. Près des batteries H,H, on en établit d'autres MM pour ouvrir la brèche à la demi-lune.

On élève aux points K,K, des batteries dites *contrebatteries*, parce qu'elles ont pour mission de contre-battre les batteries des flancs qui enfilent le fossé que doit traverser l'assaillant pour monter à l'assaut du corps de place. D'autres batteries O,O, sont chargées de faire *brèche* au revêtement et sont dénommées *batteries de brèche*.

Pendant la confection de ces batteries s'effectue une *descente souterraine*, qui doit conduire l'assiégeant au fond du fossé. C'est par cette descente qu'on passe pour monter à l'assaut.

Tracé du comte de Pagan (1).

189. Le comte de Pagan servit sous Louis XIII.

---

(1) Extrait de l'ouvrage intitulé : *la Fortification*, du comte de Pagan, édition de 1645.

Témoin dans vingt siéges de la facilité avec laquelle on prenait les places, et de l'impossibilité où elles étaient de se défendre plus de six semaines, lorsque l'artillerie ennemie avait contre-battu leurs flancs et démonté leurs pièces, il eut l'idée de diminuer l'épaisseur de l'orillon, et de placer *trois flancs* en étage, pour avoir un nombre de pièces supérieur à la *contre-batterie ennemie*, placée au saillant du chemin couvert du bastion.

Pagan est le premier ingénieur qui ait envisagé la fortification en homme de guerre. Dans son système, il a cherché à simplifier les formules du tracé, en ne s'astreignant pas, comme tous ses prédécesseurs français, à donner à l'angle saillant une ouverture de 90°, mais en se servant de la perpendiculaire du front, qu'il fit varier.

Il admet trois ordres de places : les grandes, les moyennes et les petites ; selon qu'il a à fortifier une place d'une de ces trois catégories, il emploie, dit-il, la *grande* fortification, la *moyenne* ou la *petite*.

190. La figure 166 représente le tracé simple de la *grande* fortification du comte de Pagan, avec les cotes exprimées en toises telles qu'il les donne.

La figure 167 donne la *moyenne*, et la figure 168 la *petite*.

Ces tracés sont indiqués pour des *pentagones* et des *polygones supérieurs*. Il donne d'autres proportions pour le carré.

D'après les cotes, il est facile de voir que la perpendiculaire ayant une longueur constante, et le côté extérieur variant, cette perpendiculaire *varie* dans son rapport avec le côté extérieur, et que les faces diminuent avec le côté extérieur pour avoir toujours des flancs d'une bonne dimension. Les flancs sont perpendiculaires aux lignes de défense opposées.

191. Il résulte de ces systèmes, que dans la grande fortification on a :

$$OP = \tfrac{1}{20} \text{ de } AB = \tfrac{1}{7} \text{ à peu près.}$$
$$AC = \tfrac{3}{10} \text{ de } AB = \tfrac{1}{3} \text{ à } \tfrac{1}{30} \text{ près.}$$
$$DB = 141 \text{ toises } 2 \text{ pieds} = 275^{\text{m}},60.$$

On voit que ces cotes se rapprochent beaucoup de celles adoptées par les ingénieurs modernes.

Dans la moyenne (*fig.* 167), on trouve :
$$OP = \tfrac{1}{6} \text{ exactement.}$$
AC est moindre que le tiers.

Dans la petite (*fig.* 168), on a :
$$OP = \tfrac{3}{16} = \tfrac{1}{5} \text{ à } \tfrac{1}{80} \text{ près.}$$
$$AC = \tfrac{5}{16} = \tfrac{1}{3} \text{ à } \tfrac{1}{46} \text{ près.}$$

On doit s'apercevoir que, dans ces différents tracés, la face est à peu près le tiers du côté extérieur ; la perpendiculaire, le sixième dans un cas, le septième dans un autre, et que si elle grandit jusqu'à devenir le $\tfrac{1}{5}$ à $\tfrac{1}{30}$ près, c'est avec l'intention bien arrêtée d'avance de conserver aux flancs une longueur telle qu'ils puissent lutter avantageusement avec la *contre-batterie* ennemie placée au saillant du chemin couvert du bastion.

192. Dans le carré, il ne considère qu'une *moyenne* et une *petite* fortification.

Dans la moyenne appliquée au carré (*fig.* 172), on trouve :

$$OP = \tfrac{2}{15} \text{ de AB.}$$
$$AC = \text{sensiblement les } \tfrac{2}{7} \text{ de AB.}$$

Dans la petite (*fig.* 173) :

$$OP = \tfrac{3}{23} \text{ de AB}$$
$$AC = \tfrac{3}{7} \text{ à peu près de AB.}$$

Donc, pour le carré, Pagan prenait une perpendiculaire qui se rapprochait du huitième ; nous verrons son successeur, le maréchal de Vauban, lui donner pour longueur une partie aliquote du côté extérieur.

193. Tracé. La magistrale étant tracée (*fig.* 169), on divise le flanc *fd* en deux parties à peu près égales (1). Le point de division *c* est joint au saillant du bastion, pour conserver au *revers de l'orillon la bonne direction donnée par le chevalier Deville.* On *brise la courtine* au point *d*, suivant la ligne de défense A*dl*, et on porte sur cette droite des longueurs *dg,gi,il*, égales à 14 mètres. Par les points *g,i,l*, on élève des perpendiculaires qui représentent l'escarpe des trois flancs reculés. Les droites A*c*, A*d*, étant *divergentes vers l'intérieur du bastion*, il en résulte que ses flancs sont d'autant plus grands qu'ils sont reculés. Le parapet des flancs a environ 6 mètres d'épaisseur, et le terre-plein 8 mètres de largeur. On arrive aux deux premiers flancs par des poternes pratiquées sous le rempart (*fig.* 170).

---

(1) Quelle que soit la longueur de son flanc, il prend toujours *cd*=12 toises.

Les terre-pleins de ces flancs sont à 4 mètres de différence de niveau, comme on le voit figure 172 *bis*, profil fait suivant MN (*fig.* 170).

Ces flancs peuvent recevoir *treize pièces* ; 4 sur le flanc bas, 4 sur le second et 5 sur le troisième, qui est à hauteur du corps de place.

La figure 171 est le profil du bastion *cf*B.

Pagan conseille de construire un second bastion intérieurement au premier. A cet effet, il mène par le point *n* (*fig.* 170) une parallèle à EF ; cette droite représente la ligne de feu du bastion. A 6 mètres en avant, il trace l'escarpe et creuse un fossé de 4 mètres au moins de profondeur, par rapport au terre-plein du grand bastion, et de 6 à 8 mètres de largeur. Ce fossé isole le second bastion, augmente sa force et en fait un bon retranchement intérieur, derrière lequel on peut encore soutenir quelques assauts, lorsqu'on a un réduit dans la place. La figure 174 représente le profil des deux bastions suivant *xy* (*fig.* 169). Le premier bastion était au niveau du second flanc.

Le fossé du corps de place n'a que 32 mètres, et sa contrescarpe est *parallèle* à l'escarpe des bastions.

Plus le fossé est étroit au saillant, moins la *contre-batterie* ennemie a de développement, et plus le flanc a d'avantages pour lui résister et même pour l'écraser. C'est une attention que Pagan n'a pas négligée.

194. Demi-lune. La demi-lune est un ouvrage placé devant la courtine et en avant du grand fossé ; elle a pour propriétés, de couvrir la courtine ; de donner des feux croisés sur les capitales des bastions ; de

défendre le chemin couvert à bout portant ; de donner des feux rasants sur les glacis, et de gêner l'établissement de la *contre-batterie* au saillant du chemin couvert du bastion.

Pagan fait sa demi-lune plus grande que celle de ses prédécesseurs. Il donne 60 mètres à la demigorge, et 100 mètres à chaque face, avec un parapet de 6 mètres, un rempart de 8 et un terre-plein.

$$nq = ql = 60 \text{ mètres.}$$
$$nS = tS = 100 \text{ mètres.}$$

Par ce moyen, la demi-lune couvre mieux la courtine, qui n'est plus aperçue de la batterie de brèche établie au saillant du chemin couvert de la demi-lune. Cette batterie ne pourra plus faire brèche qu'à la face du bastion et à l'orillon.

Cependant, vu le peu de saillie de la demi-lune, l'ennemi pourra encore faire brèche à la *courtine*, en venant s'établir sur le glacis des places d'armes *rentrantes*, lorsqu'il a donné l'assaut à la demi-lune.

195. Réduit. La demi-lune de Pagan contient un ouvrage intérieur qu'on nomme *réduit*. Les faces de ce réduit sont parallèles aux faces de la demi-lune et à 30 mètres. Le parapet a 6 mètres d'épaisseur, le rempart 8, avec un terre-plein. En avant du réduit est un fossé de 6 à 8 mètres, comme celui du bastion intérieur, avec une profondeur variable.

196. Contre gardes. Les bastions sont couverts par des ouvrages C,C, dits *contre-gardes*, dont l'épaisseur est de 24 mètres.

197. Fossé. Le fossé de la contre-garde et celui de la demi-lune ont 24 mètres. Le saillant de la contrescarpe de tous les fossés est terminé par un pan coupé qui augmente le terre-plein des places d'armes saillantes.

198. Chemin couvert. Le chemin couvert règne autour de ces fossés ; il a 8 mètres de largeur avec *banquette* et glacis. Vauban passe pour être le premier ingénieur qui ait donné une banquette au chemin couvert ; cependant, il est écrit en toutes lettres, page 42 des *Fortifications* du comte de Pagan, édition de 1645, que cet ingénieur en donnait à son chemin couvert.

Le glacis est la plongée *gl* du chemin couvert (*fig.* 174), qui est prolongée en pente vers la campagne, jusqu'à son intersection avec le sol.

199. Toutes les parties de ce système sont parfaitement disposées ; mais les constructions en maçonnerie étant multipliées, il devenait coûteux. Il est du reste facile de remarquer que ce système a quelques défauts graves : le bastion intérieur n'est pas flanqué du corps de place ; le fossé de la demi-lune, quoique vu, n'est pas bien défendu ; enfin, l'intérieur de la brèche faite au bastion n'est pas aperçu par les trois pièces qui sont contre le revers de l'orillon.

Avec de pareilles dépenses en maçonnerie, on pouvait espérer plus de résultats ; aussi le maréchal de Vauban, qui vint après, chercha-t-il un système plus simple, moins coûteux et d'une meilleure défense.

Systèmes de Vauban.

200. Sébastien Leprêtre de Vauban naquit le 1ᵉʳ mai 1633, à Saint-Léger, près d'Avallon en Bourgogne. Il assista à cinquante-trois siéges, bâtit trente-trois places et mourut le 30 mars 1707, après avoir laissé un traité d'attaque des places et un pour la défense. Cet ingénieur n'a rien écrit sur sa manière de construire: de sorte que ce n'est que par ses œuvres qu'on a pu juger de son mode de tracer.

Il a arrêté, en suivant les traces de Pagan, que la perpendiculaire serait le $\frac{1}{8}$ pour le carré, le $\frac{1}{7}$ pour le pentagone et le $\frac{1}{6}$ pour l'hexagone et les polygones supérieurs.

201. Voici son *premier* tracé, qui présente du reste quelques *variantes*.

Il prend : AB$=$350 mètres (*fig.* 175).

CD$=\frac{1}{6}$ de AB, pour l'hexagone.

AF$'$, ou BF$=\frac{2}{7}$ de AB.

Pour obtenir le flanc, il décrit un arc de cercle du point B comme centre, avec BF$'$ pour rayon (1). Cet arc coupe la ligne de défense en p. La corde F$'p$ est le *flanc droit* de Vauban, comme l'indique la figure 176. Vauban a appliqué ce tracé à quelques places au début de sa carrière.

---

(1) Vauban n'ayant pas écrit ses systèmes, nous nous en sommes rapporté à ce qu'en disent Cormontaingne et Noizet-Saint-Paul.

Cet ingénieur a fait aussi des *orillons* (*fig.* 175). Pour les obtenir, il divise la corde F′*p* en trois parties. Sur le premier tiers, comme *corde*, il construit l'orillon tangentiellement à la face.

Vauban conserve, au *revers* de l'orillon, la direction trouvée par Deville, et il brise la courtine *np* dans le prolongement de la ligne de défense, comme l'a indiqué Pagan. Le flanc *gp* est reculé de 10 mètres, et sa longueur *qn* est comprise entre les deux droites B*g*, B*p* prolongées. Sur *qn*, on construit un triangle équilatéral, et du point *m*, comme centre, on décrit un arc de cercle. Cet arc de cercle est la magistrale du flanc concave; *pz* est la courtine.

La ligne AF′*gqnpzn*′FB est le développement de la magistrale du corps de place, ou de l'escarpe en maçonnerie.

Le fossé a 30 mètres aux saillants des bastions, et la contrescarpe se dirige sur l'angle d'épaule E des lignes de feu (1).

La demi-lune est un grand redan, dont le sommet est déterminé sur la perpendiculaire du front par un arc de cercle décrit du point *p* comme centre avec *p*F pour rayon. Les faces sont dirigées sur les angles d'épaule quand il y a des orillons, et à 10 mètres quand il n'y en a pas, comme l'indique la figure 176.

Le fossé de la demi-lune a ordinairement 20 mètres. Les contrescarpes sont revêtues en maçonnerie.

____

(1) Voir Saint-Paul.

En avant se trouve le chemin couvert de 10 mètres de largeur, avec des places d'armes de 30 mètres de demi-gorge hi, hk; et les faces il, lk doivent faire des angles de 100° avec les branches ub, dx du chemin couvert. Nous verrons plus bas qu'il est garni de traverses qui le garantissent du ricochet.

Le glacis est incliné à $\frac{20}{1}$, plus ou moins, pour qu'il soit toujours soumis au feu de la place; il passe par la ligne de feu du chemin couvert, qui est à $2^m,50$ au-dessus du sol.

En avant de la courtine et dans le fossé, il y a un ouvrage dont le relief est très bas (nous verrons plus loin comment on le détermine), et qui rappelle la *fausse-braie*, mais modifiée et corrigée. Cet ouvrage se nomme *tenaille*.

Les premières tenailles de Vauban sont composées de deux parties (*fig.* 176); le point m, dans ce cas, doit être au moins à 6 mètres de la courtine, la tenaille ayant toujours au minimum 14 mètres d'épaisseur. Avec cette dimension, on construit quelquefois des tenailles de la forme indiquée figure 177; ac doit être au moins à 10 mètres de la courtine. C'est ainsi qu'on les établit aujourd'hui.

Les secondes tenailles de Vauban étaient *bastionnées* (*fig.* 175). Pour les construire, on mène rv parallèlement à la corde $F'p$, et à 10 mètres de l'arrondissement de l'orillon. Puis on prend $rs=\frac{rD}{2}$. Par le point s on trace une parallèle à $F'p$, jusqu'à la rencontre de l'escarpe $x'x''$ établie parallèlement à la courtine, et à une distance de **24** mètres au moins : c'est-à-dire, 10 pour le fossé de la courtine et 14 pour l'épaisseur de la tenaille.

202. Tel est le premier système de Vauban, avec ou sans orillons, comme on peut s'en convaincre en jetant un coup d'œil sur les premières places qu'il a fortifiées. On arrivera ainsi à classer les différents changements qu'il a faits.

Le traité d'Aix-la-Chapelle, en 1668, donna à la France plusieurs places, parmi lesquelles Vauban (alors âgé de trente-cinq ans) fortifia Ath, Charleroi et Lille. Ces places sont à flancs *droits*, et à demi-lunes *sans flancs*, comme la figure 176 (1); de plus, toutes les *tenailles* d'Ath, moins une, sont composées de deux parties.

Dix ans plus tard, Vauban affectionne les flancs à *orillons* et les *tenailles bastionnées*. En 1678, le traité de Nimègue donne à la France une multitude de places, parmi lesquelles on remarque Menin, Maubeuge, Longwy, Huningue, Saarlouis, Fribourg en Brisgaw, fortifiées depuis par Vauban. Toutes ces places ont en effet des flancs à *orillons* et des *tenailles bastionnées*. En outre, il est à remarquer qu'elles ont des *demi-lunes sans flancs* (*fig.* 175). Schélestadt,

---

(1) Voir ces différents traités et l'atlas des *Mémoires relatifs à la succession d'Espagne*, publié par les soins de M. le lieutenant général Pelet, 1826. Voir en outre le *Grand Dictionnaire géographique et critique* de Bruzen la Martinière, édition de 1735.

fortifié en 1675, est à *orillons* et à demi-lunes *sans flancs*, comme celles de Phalsbourg.

On sait que Louis XIV créa, en 1679, des *chambres de réunion*, qui lui adjugèrent nombre de villes et de bourgs à sa convenance. L'Europe protesta, et la trève de Ratisbonne, signée en 1684, lui céda, entre autres, Strasbourg et le fort de Kelh, pris en 1681, et Luxembourg, pris en 1684 par le marquis de Créqui, Vauban dirigeant les attaques.

Pressentant la ligue d'Ausbourg, Louis XIV ordonna à Vauban de fortifier Kelh, Strasbourg et Luxembourg.

Le fort carré de Kelh est à *orillons* et à *demi-lunes sans flancs*. La citadelle de Strasbourg est aussi à orillons; mais on remarque qu'ici les demi-lunes prennent des flancs, comme il est indiqué figure 177. Bedfort et Landau, fortifiés en 1686 et 1687, ont aussi des *demi-lunes à flancs*.

C'est donc vers l'époque de la trève de Ratisbonne, en 1684, qu'il faut admettre l'établissement des *demi-lunes à flancs* du maréchal de Vauban.

203. L'expérience que Vauban acquit dans les différents siéges qu'il fit jusqu'à cette époque, lui apprit que les contre-batteries ennemies avaient trop d'ascendant sur les batteries des flancs : surtout à cette époque que les fossés des anciennes places étaient de 40 mètres. Il eut donc l'idée de donner des flancs à ses demi-lunes pour recevoir trois pièces, et de les

13.

diriger de manière à battre les saillants du chemin couvert des bastions, et à voir l'intérieur de la brèche faite au bastion par la trouée du fossé de la demi-lune. Il les construisit (*fig.* 177) en prenant $or=20$ mètres; $op=14$ mètres. La droite rp donna la direction du flanc.

Propriétés des différentes parties d'un front du premier système de Vauban.

204. Faces. Les faces des bastions doivent être assez grandes pour flanquer le fossé de la demi-lune, le chemin couvert et le glacis. Dans l'exemple (*fig.* 175), le côté extérieur ayant 350 mètres, la face du bastion en a 100. Les parties à flanquer sont le fossé de la demi-lune de 20^m, le chemin couvert de 10, et le glacis de 60 environ : ce qui représente 90^m de largeur à défendre. La face est donc d'une dimension convenable pour le flanquement.

205. Flancs. Vauban, convaincu de l'inutilité des trois flancs de Pagan, établit d'abord les siens en ligne droite. Mais, ayant reconnu par expérience que ces sortes de flancs étaient pris d'écharpe par les coups de canon qui passaient entre l'épaule du bastion et la face adjacente de la demi-lune, dans la direction To (*fig.* 176), il construisit des orillons pour les couvrir; et, pour mieux réussir, il recula de 10 mètres les flancs, auxquels il donna une forme concave. Vauban, comme on l'a vu, réduisit l'orillon au tiers du flanc droit. D'après cette construction, l'orillon varie d'épaisseur; d'où il peut résulter qu'il soit trop faible dans certaines circonstances, ou trop fort dans d'autres, et n'entraîne dans des dépenses superflues. Il eût été plus rationnel d'en déterminer l'épaisseur d'une manière invariable, en la réglant sur la résistance qu'il devait opposer aux efforts de l'assiégeant. Par sa forme arrondie, il donne moins de prise aux boulets. La forme *concave* du flanc reculé permet d'y placer autant de pièces que sur le flanc droit *nx*, en y comprenant celle établie dans l'orillon.

Pour garantir le flanc de l'enfilade, les faces des bastions sont de 2 mètres plus élevées que les flancs, et le raccordement a lieu sur la droite *gq*.

206. La défense des fossés du corps de place par l'artillerie est bonne, même de nuit, parce qu'il suffit d'établir le heurtoir perpendiculairement à la direction dans laquelle on veut porter des feux, et de pousser les deux roues contre, pour que la pièce soit bien placée. La défense de nuit par la mousqueterie serait au contraire dangereuse, si la position sur laquelle on doit tirer n'était pas éclairée par des pots-à-feu. En effet, dans l'obscurité, les hommes se placent contre le *flanc droit* (*fig.* 176), et tirent perpendiculairement à la ligne de feu *nx*; les feux de la partie *nq*, moitié du flanc *nx*, passent en dehors de la perpendiculaire B*q*, et sont utiles à la défense; mais toute la partie *qx* bat la face et le flanc du bastion opposé, au risque d'en tuer les défenseurs.

Si l'on considère les flancs à *orillons*, l'inconvénient est encore plus grave. Tous les coups de fusils passant par le point *m*, centre de l'arc *qn* (*fig.* 175), les feux s'éparpillent dans l'angle P*m*Q et peuvent blesser les défenseurs de la courtine, du flanc et du bastion. Nous ne parlons pas de la demi-lune, parce que, lorsque l'ennemi passe le fossé du corps de place, elle doit être en son pouvoir. Ces flancs ont en outre le défaut d'étrangler les bastions.

207. ESCARPE. L'escarpe du corps de place doit avoir au moins 10 mètres au-dessus du fond du fossé, pour être à l'abri de l'escalade. La figure 178 indique la forme du revêtement. Dans le système de Vauban, il se prolongeait jusqu'à la plongée. Cette manière de revêtir avait l'inconvénient de présenter du danger pour les hommes placés sur la banquette, en raison des éclats de maçonnerie enlevés par le boulet.

208. FOSSÉ. La largeur du fossé au saillant doit toujours être calculée en vue de diminuer la longueur de la contre-batterie que l'ennemi établit au saillant du chemin couvert du bastion, et il doit s'élargir du côté du flanc, pour que toutes les pièces de ce flanc puissent parfaitement battre le fossé. Cependant, il est des considérations qui obligent à s'écarter de ces principes, comme, par exemple, lorsqu'on rencontre de l'eau ou du roc ; alors on élargit ou l'on approfondit le fossé.

209. DEMI-LUNE. La demi-lune est ce grand redan (*fig.* 175) placé devant la courtine et en avant du fossé du corps de place. Les demi-lunes, avons-nous dit, couvrent les courtines et les flancs des bastions, donnent des feux croisés sur les capitales des bastions, défendent le glacis par des feux rasants et battent le chemin couvert à bout portant. L'escarpe de la demi-lune doit avoir au moins 8 mètres.

Les flancs des dernières demi-lunes de Vauban ont l'inconvénient de découvrir la face du bastion, comme le font voir les deux coups de canon partis du saillant *s* (*fig.* 177), et passant l'un par le point *o* et l'autre par le point *r*.

210. Fossé. Le fossé, tout en satisfaisant au calcul du déblai au remblai, peut varier. La meilleure largeur est de 20 mètres : plus grande, elle permettrait à l'ennemi d'ouvrir une trop large brèche à la face des bastions, brèche qui doit être les Thermopyles de la place ; plus petite, l'éboulement de la brèche de la demi-lune en comblerait plus de la moitié, et diminuerait le travail du passage du fossé, que l'ennemi exécute sous le feu de la place (1).

211. Chemin couvert, Glacis. Le chemin couvert est devenu un excellent ouvrage entre les mains de Vauban. Il lui a donné une banquette, comme l'avait fait Pagan. De plus, pour le garantir de l'enfilade, il y a placé des traverses de 30 mètres en 30 mètres.

---

(1) Noizet-Saint-Paul, à ce sujet, rapporte dans une note les variations ci-après appliquées par Vauban : à la citadelle de Lille, le fossé du corps de place a 20 toises (39 mètres); ceux de la citadelle de Strasbourg sont de 18 toises au corps de place (35 mètres) et de 15 toises (29 mètres) aux demi-lunes. Ceux de Saarlouis ont 18 toises (35 mètres) au corps de place, et 10 aux demi-lunes (19^m,50). Ceux de Phalsbourg sont de 14 toises au corps de place (27 mètres) et de 10 aux demi-lunes (19^m,50). Ceux d'Huningue et de Longwy sont de 15 toises au corps de place (29 mètres). Enfin, ceux de Neuf-Brisach sont de 15 toises au corps de place (29 mètres) et de 12 aux demi-lunes (23^m,40).

C'est un bon ouvrage, qui défend bien les approches de la place, et coûte peu. Il sert de point de rassemblement aux troupes qui doivent effectuer des sorties pendant le siége. Il abrite les secours qui se jettent dans la place. Sa ligne de feu est plus ou moins élevée, de manière à couvrir les maçonneries de la place. Cette dernière propriété n'a pas lieu dans le système de Vauban (*fig*. 178), parce que les revêtements s'élèvent jusqu'à la rencontre de la plongée. Le talus intérieur du chemin couvert de Vauban est ordinairement revêtu dans une hauteur d'un mètre.

Le glacis est incliné de $\frac{20}{1}$ à $\frac{24}{1}$.

212. TRAVERSES (*fig*. 179). La traverse de la place d'armes rentrante a 6 mètres d'épaisseur pour résister à la batterie ennemie **B**, qui cherchera à la détruire pour chasser les défenseurs de la place d'armes rentrante, d'où ils pourraient encore troubler l'établissement de la batterie de brèche **F, F′**. La ligne de feu de cette traverse est sur le prolongement de celle de la place d'armes rentrante.

La traverse de la place d'armes saillante a 3 mètres ; le *pied* de son talus *extérieur* est sur le prolongement de l'*escarpe* de la demi-lune.

La distance entre les deux points **E, D**, est divisée par **30**, et le quotient diminué d'*une unité* donne le nombre de traverses à établir. Les traverses intermédiaires **M** sont toutes perpendiculaires à la contrescarpe ; elles n'ont que 3 mètres d'épaisseur, quantité suffisante pour résister à l'enfilade. Après la perte du chemin couvert, le canon de la place peut facilement les détruire, afin que l'ennemi ne s'en serve pas pour épauler sa descente de fossé.

La longueur de toutes les traverses est limitée par la droite gx menée à 10 mètres de la contrescarpe ; elles sont revêtues en maçonnerie aux deux extrémités. Du côté mz on ménage dans l'épaisseur du glacis un passage rectangulaire de 2 mètres.

Les lignes de feu de la place d'armes rentrante font des angles de 100° avec les branches du chemin couvert pour éviter les accidents.

L'arrondissement de la contrescarpe au saillant des fossés augmente la capacité des places d'armes saillantes.

Les troupes chassées du saillant se retirent de traverse en traverse en défendant le chemin couvert, et se rallient aux troupes de soutien qui stationnent dans les places d'armes rentrantes.

213. Tenaille. Vauban affectionna quelque temps la forme bastionnée de la tenaille ; il les avait créées ainsi, espérant obtenir plus de feux sur la brèche et un feu plus rasant dans le fossé ; mais il s'aperçut bientôt que leurs flancs étaient pris à dos. Aussi les abandonna-t-il pour reprendre la forme indiquée figure 176, ou celle de la figure 177. Du reste, beaucoup de places construites par Vauban n'ont pas de tenailles.

La tenaille sert à couvrir le débouché de la poterne. Elle donne des feux rasants sur le terre-plein de la demi-lune et en défend la gorge à bout portant. Elle couvre les rassemblements de troupes dans les derniers moments du siége. Son relief est très bas, afin de ne pas gêner les feux de flanc qui doivent battre le pied de la brèche ouverte à la face du bastion opposé.

214. Commandements (1). Le grand principe d'Errard de Bar-le-Duc, qui veut que les ouvrages en arrière commandent ceux qui sont en avant, est appliqué aussi par Vauban.

En général, la demi-lune domine de deux mètres au moins le chemin couvert ; et le corps de place domine de deux mètres la demi-lune.

215. Communications (2). Tous les dehors de la place (3) ont leur gorge revêtue en maçonnerie, de sorte que pour monter du fond du fossé sur le terre-plein, soit de la tenaille, soit de la demi-lune, de la place d'armes rentrante ou de la place d'armes saillante du chemin couvert, on établit à la gorge de ces ouvrages des *escaliers*, dits *pas de souris* (*fig.* 180), dont la largeur AC est d'un mètre, et la longueur AB égale à une fois et demie la différence de niveau ; de manière que la hauteur de la marche étant ordinairement de $0^m,20$, la largeur du giron AI est alors de $0^m,30$.

On les a figurés à la gorge de la place d'armes ren-

---

(1) On verra en détail les commandements, lorsqu'il sera question du chemin couvert de Cormontaingue.

(2) Voir, pour plus de détail, ce qui est dit au Cormontaingue.

(3) On appelle ainsi tous les ouvrages situés en dehors du corps de place, mais intérieurement au chemin couvert qui enveloppe les fossés des bastions et de la demi-lune.

trante et de la place d'armes saillante (*fig.* 176), et à la gorge de la demi-lune après y avoir fait un pan coupé. Ces *pas de souris* ont un même *palier*.

La tenaille a deux pas de souris, ayant chacun son palier. Ils sont écartés dans la *fig.* 176, parce qu'il y a sous le milieu de la tenaille une *poterne*, qui conduit du fossé de la courtine dans le fossé du corps de place en avant de la tenaille. On peut du reste s'y rendre en tournant les extrémités de la tenaille, passages qu'on nomme les *trouées de la tenaille*.

Enfin il suffit pour le moment de savoir qu'il y a une *poterne* qui conduit de l'intérieur de la place dans son fossé en passant sous la courtine. Elle est ponctuée dans la figure 176. Elle débouche à 2 mètres au-dessus du fond du fossé; en temps de siége, cette différence de niveau est rachetée par une rampe en bois.

De l'intérieur de la place, on se rend sur les remparts, au moyen de rampes R,R, inclinées de $\frac{10}{11}$ à $\frac{20}{1}$, en raison de la différence de niveau à franchir.

Pour se rendre sur les glacis, on a pratiqué dans la place d'armes rentrante une rampe à $\frac{6}{1}$, (*fig.* 179).

Toutes ces communications sont indépendantes des grandes communications établies sur certains fronts pour la circulation des habitants.

Deuxième système.

216. Le deuxième système de Vauban ressemble beaucoup au troisième. Cet auteur s'en est servi pour fortifier Bedfort en 1686 et Landau en 1687. Après avoir lu le troisième, on sentira de suite la différence qu'il y a entre ces deux systèmes, en jetant un coup d'œil sur les figures 181 et 182. Le second système s'appuie sur le polygone *intérieur*.

Troisième système.

217. Après la ligue d'Augsbourg, le traité de Ryswick fut conclu en 1797. La France déchut de sa grandeur passée, et fut obligée de restituer beaucoup de places, entre autres *Vieux-Brisach*. Pour parer à la perte de cette place forte, Louis XIV fit élever Neuf-Brisach vers 1700. Vauban y développa en entier son troisième système dont la formule suit :

Soit $AB = 350$ mètres (*fig*. 182) (1).

$$CV = \frac{AB}{6}$$

$$AD = \frac{AB}{3}$$

Le flanc DF est déterminé comme dans le premier système, c'est la corde de l'arc décrit du saillant B.

Les trouées de la tenaille ont 10 mètres.

La tenaille a sa magistrale sur l'angle de tenaille ACB, et sa gorge sur la droite FF'.

En prolongeant FF' jusqu'aux capitales, on a les points *a* et *b* sommets des tours. De chacun de ces points comme centre, avec un rayon de 12 mètres, on décrit un arc de cercle ; et des points *q* et *r*, pris à 24 mètres des flancs, on leur mène des tangentes.

---

(1) Le tracé de ce système est extrait de Cormontaingne.

Ce bastion, ainsi détaché de la place, prend le nom de *contre-garde*.

En arrière se trouve le corps de place.

Les points *g* et *f* sont donnés sur les capitales par les prolongements des lignes de défense, et la droite *gf* est le côté extérieur sur lequel on construit le corps de place.

Les points *g* et *f* sont les centres des *tours bastion-nées* qui occupent le sommet des angles. On les obtient en prenant $gd = 14$ mètres, $dc = 12$ et $de = 8$. La face *ca* est la droite qui joint l'angle d'épaule *c* au point *a*, primitivement déterminé par le prolongement de la gorge de la tenaille; la gorge de la tour est per-pendiculaire à la capitale. Les tours sont réunies par un front bastionné dont la perpendiculaire $ik = 10^{m}$, et dont les flancs *mn*, *op*, sont dans le prolongement des flancs des contre-gardes.

Le fossé des contre-gardes a 29 mètres; la con-trescarpe est parallèle aux faces de ces ouvrages.

La demi-lune a 107 mètres de capitale; ses faces sont alignées à 30 mètres des angles d'épaule des con-tre-gardes, et ses flancs déterminés comme ceux du premier système. Le fossé a $23^{m},40$ de largeur.

La demi-lune renferme un réduit qui a 41 mètres de capitale. Les faces sont parallèles à celles de la demi-lune et les flancs *vx* s'obtiennent en prenant $yx = 6$ mètres et $yv = 8$.

Le fossé du réduit est à la *même profondeur* que ceux du corps de place et de la demi-lune; sa largeur est de 10 mètres.

Le chemin couvert est conforme à celui du premier système.

218. Communications. Les communications du chemin couvert du troisième système sont les mêmes que celles du premier. La gorge de la demi-lune, qui sert de contrescarpe au fossé du réduit, a un double pas de souris au saillant.

La gorge du réduit a un pan coupé qui reçoit un pas de souris double.

La tenaille, ayant ici beaucoup d'épaisseur, a deux rampes à la gorge. Elle communique avec les contre-gardes par deux ponts et une poterne sous chaque flanc des contre-gardes.

Les contre-gardes ont deux pas de souris qui mènent à deux ponts; ces ponts passent devant les flancs des tours; le tablier en est assez bas pour ne point gêner le feu des casemates (1); ils aboutissent à des poternes qui contournent les flancs et la gorge de la **tour** et viennent communiquer avec la poterne en capitale qui conduit aux casemates.

Partout où il y a un rempart et un terre-plein, on établit des rampes pour racheter les différences de niveau.

219. Commandements. La demi-lune domine le glacis de *deux* mètres au moins.

Le réduit ne devant défendre que la demi-lune et non tirer en même temps qu'elle, n'a que $0^m,50$ de commandement sur cet ouvrage.

---

(1) La partie basse de la tour est voûtée pour recevoir une batterie, à l'effet de défendre les fossés des corps de place.

La contre-garde est de 2 mètres plus élevée que la demi-lune.

L'enceinte est au niveau de la contre-garde ; mais les tours sont de $0^m,66$ plus élevées.

Propriétés du troisième système de Vauban.

220. Tours. Les tours sont casematées et chaque flanc est percé de deux embrasures. Les petits flancs de la courtine bastionnés ont chacun *une* embrasure (1). Le fossé de la courtine est, par ce moyen, flanqué de six pièces que l'ennemi ne peut atteindre, ni par les ricochets, ni par les bombes. La partie supérieure des tours est percée de deux embrasures sur chaque flanc. Les faces sont garnies de banquettes. Le peu de surface que présente la plate-forme offre peu de prise à la chûte des bombes ; d'un autre côté, le ricochet ne peut pas les atteindre facilement, vu la petite longueur des flancs. Malgré ces avantages, les tours ont le défaut d'avoir un parapet et des embrasures en maçonnerie dont les éclats blessent ou tuent les défenseurs. Elles sont du reste bien placées à 12 mètres des contre-gardes dont elles plongent les brèches. Le défaut général des casemates, c'est de ne pas laisser écouler la fumée, et d'obliger de suspendre le feu pour éviter de suffoquer les canonniers.

Les courtines bastionnées ont aussi une embrasure sur chaque flanc.

---

(1) Voir le procès-verbal de l'expérience faite, sur les effets de la fumée, dans les casemates de Neuf-Brisach, le 7 brumaire an VIII.

221. Contre-gardes. Les contre-gardes étant détachées du corps de place, laissent l'assiégé libre de les défendre jusqu'à la dernière extrémité. Les contre-gardes et les demi-lunes ont des demi-revêtements comme l'indique la figure 183. On présume que c'est par économie que les revêtements n'ont pas été élevés jusqu'à la plongée. Ces demi-revêtements ont le grave inconvénient de permettre à l'énnemi de se prolonger le long du talus extérieur pour tourner les défenseurs au moment d'un assaut.

222. Demi-lunes. Les demi-lunes de ce système ont un terre-plein trop large ; elles donnent ainsi à l'assiégeant la facilité d'établir commodément ses batteries de brèche contre le réduit. Les flancs de cette demi-lune découvrent les faces des contre-gardes et les trouées de la tenaille , si bien qu'on aperçoit le corps de place, comme l'expérience l'a prouvé. En 1704, le maréchal de Tallard, assiégeant Landau , fit brèche à la courtine du front d'attaque par ces trouées.

Le fossé du réduit étant à la même profondeur que celui du corps de place, présente à l'assiégeant la possibilité d'attaquer la demi-lune par la gorge en même temps qu'il donne l'assaut à la face , et de couper ainsi la retraite aux défenseurs de cet ouvrage.

Lorsque les demi-lunes n'ont pas de réduits, on peut donner l'assaut aux contre-gardes en même temps qu'aux demi-lunes ; mais lorsque celles-ci ont des réduits dont les flancs battent l'intérieur de la brèche des contre-gardes et prennent à revers les colonnes d'assaut, on est obligé de se rendre maître d'abord des demi-lunes et de faire brèche aux réduits. La brèche étant praticable aux réduits et aux contre-gardes, on donne l'assaut aux deux ouvrages en même temps.

L'assaut aux contre-gardes est ainsi retardé de tout le temps nécessaire pour prendre la demi-lune, y construire les batteries de brèche du réduit et la descente du fossé du réduit.

Cormontaingne (1).

223. Cormontaingne a perfectionné le premier système à flancs droits de Vauban, en profitant des améliorations que cet ingénieur avait apportées lui-même dans son second et son troisième système. Il rétablit les flancs perpendiculaires aux lignes de défense comme Pagan l'avait pratiqué. La formule de son tracé est celle-ci (*fig.* 184) :

$$AB = 360 \text{ mètres.}$$

La perpendiculaire varie du sixième au huitième, d'après les principes de Vauban et de Pagan.

Chaque face AG, $BG' = \frac{1}{3}AB$.

GH, $G'H'$ sont perpendiculaires aux lignes de défense opposées.

La courtine HH' se déduit.

$AGHH'G'B$ est le développement de la *magistrale* du corps de place, sommet de l'escarpe, c'est la projection horizontale du cordon C (*fig.* 186).

---

(1) Cormontaingne ayant écrit, la formule de son tracé sera extraite de ses ouvrages.

14

La partie de la gorge de la tenaille parallèle à la courtine en est à 12 mètres, l'épaisseur de cet ouvrage est de 14 mètres, elle détermine la position du pan coupé EE′. Les trouées de la tenaille ont 10 mètres.

Des points EE′, on décrit deux arcs de cercle avec un rayon de 33 mètres; des saillants A et B on opère de même avec un rayon de 29 mètres; et les tangentes communes à ces arcs de cercle pris deux à deux donnent pour contrescarpe les droites IF, FF′, F′K. FF′ est le pan coupé de la gorge du réduit de la demi-lune. On supprime ainsi la partie FLF′ du terre-plein qui serait vue des contre-batteries établies au saillant du chemin couvert des bastions.

Le sommet de la demi-lune C est placé sur la perpendiculaire du front à une distance DC du côté extérieur égale aux $\frac{4}{15}$ de AB. Les faces sont alignées à 30 mètres des angles d'épaule.

Le fossé de la demi-lune a 20 mètres de largeur.

Les faces du réduit de la demi-lune sont à 30 mètres de celles de la demi-lune. Ses flancs sont parallèles à la capitale et ont 15 mètres de longueur. Son fossé est de 10 mètres : ce qui réduit la demi-lune à 20 mètres d'épaisseur.

Le chemin couvert a 10 mètres de largeur; il est entrecoupé de traverses, dont les positions sont déterminées comme pour Vauban; mais dont les défilés sont modifiés comme nous le verrons plus bas.

Les places d'armes rentrantes ont 54 mètres de demi-gorge et 60 mètres de face.

Le réduit des places d'armes rentrantes a 40 mètres de demi-gorge. On peut donner 36 mètres de longueur aux faces, ou les diriger sur le saillant de la demi-lune. Cet ouvrage a un petit fossé de 5 mètres de largeur.

Propriétés des différentes parties d'un front de Cormontaingne.

224. Côté extérieur. *Maximum (fig.* 185). La défense des places est basée sur la portée du fusil de rempart qui est de 300 mètres. En conséquence, la balle partie de la ligne de feu d'un flanc quelconque, doit atteindre la contre-batterie établie au saillant du chemin couvert du bastion dans l'épaisseur du glacis. Il y aura donc 300 mètres de C en D. Si l'on en retranche les 10 mètres du chemin couvert, les 29 mètres du fossé d'une part, et de l'autre, les 6 mètres de parapet du flanc et les 3 mètres de talus extérieur, il reste 252 mètres pour la longueur de la ligne de défense; et comme elle est sensiblement les $\frac{2}{3}$ du côté extérieur, nous trouvons pour *maximum* de AB, 378 mètres. Si l'on admet que dans les limites de la portée du but en blanc, la balle a autant d'effet à 12 ou 15 mètres plus loin, on arrivera à un *maximum* de 400 mètres.

225. *Minimum (fig.* 186). Le minimum de AB, comme nous l'avons indiqué en fortification passagère, art. 35, dépend du minimum de la courtine, lequel minimum découle du relief. Le minimum du relief d'une place est calculé en vue d'éviter l'escalade; une escarpe de 10 mètres suffit pour en garantir. La cote de la ligne de feu du corps de place peut être au minimum de 13 mètres, avec un fossé de 7 mètres de hauteur de contrescarpe. D'après cela, il sera facile de connaître la hauteur FG du triangle DFG et, par suite, sa base. En effet, le point F est pris sur la genouillère de l'embrasure d'une pièce de place à $1^m,30$ au-dessous de la ligne de feu. La droite FD inclinée à $\frac{6}{1}$ doit battre à $1^m,20$ au-dessus du débouché de la poterne établie sur le milieu de la courtine. Le seuil de cette poterne étant à 2 mètres au-dessus du fossé, la droite DG sera relevée de $3^m,20$. Par conséquent, la hauteur du triangle égale 13 mètres $-(1^m,30+3^m,20)=8^m,50$. $DG=8^m,50\times6=51^m,00$. On peut dire que la demi-courtine est à peu près de 50 mètres : ce qui donne 100 mètres pour la longueur de la courtine ; et comme elle est approximativement égale au tiers du côté extérieur, le minimum du côté extérieur sera de 300 mètres.

226. Chemin couvert (*fig.* 187). Le chemin couvert de la demi-lune s'élève au moins de $2^m,50$ au-dessus du sol, et dans l'hypothèse d'un fossé de $7^m,50$ de profondeur (quantité convenable), la cote de la ligne de feu du chemin couvert de la demi-lune sera 10 mètres.

La place d'armes rentrante, qui ne tombe pas au pouvoir de l'ennemi en même temps que le saillant du chemin couvert de la demi-lune, a sur ce dernier un commandement de $0^m,50$; sa cote se trouve alors de 10^m,50. La cote du chemin couvert du bastion est égale à celle de la place d'armes rentrante. Les lignes de feu des traverses sont à la cote des lignes de feu du chemin couvert qui les contient.

Le chemin couvert de Cormontaingne diffère de celui de Vauban, en ce que la projection horizontale de sa ligne de feu a la forme d'une crémaillère $df'd'f''d''S$. Par cette disposition, les défilés des traverses sont complétement vus du défenseur en arrière : ce qui n'a pas lieu avec la forme rectangulaire des défilés des traverses du système de Vauban. Pour les construire, on établit d'abord les traverses extrêmes, comme nous l'avons fait pour Vauban. Celle de la place d'armes saillante a le pied de son talus extérieur sur le prolongement de l'escarpe de l'ouvrage A situé en arrière, et qu'on suppose être ici la demi-lune. D'après cela, on aura la position de la ligne de feu $e''c$, en menant à 5 mètres en arrière une parallèle à iz (3 mètres de parapet et 2 de talus extérieur), le point c sera connu. La traverse de la place d'armes rentrante a sa ligne de feu sur le prolongement de celle de la place d'armes rentrante; le point a est de même connu. Pour avoir les autres traverses, il faut diviser la longueur ac par un nombre variable de 25 à 30 mètres afin d'obtenir un nombre entier au quotient. Ce quotient diminué d'une unité représente le nombre de traverses intermédiaires.

Le point b étant un point de la ligne de feu de la traverse, on aura la direction de cette ligne be' en élevant une perpendiculaire à la contrescarpe. On opérerait de même pour toute autre traverse intermédiaire. La traverse b a 3 mètres d'épaisseur et 2 mètres de talus extérieur, comme la première en c.

Tous les défilés des traverses ont 2 mètres de largeur sur le sol, et les talus intérieurs du glacis sont au tiers. Le défilé qui aboutit à la place d'armes rentrante est parallèle à la contrescarpe ; la ligne de feu de la place d'armes étant de 3 mètres au-dessus du sol, la base des talus dans ce défilé sera de 1 mètre. La distance eg sera donc de 3 mètres. Le profil de la traverse se construit habituellement en maçonnerie ; sa projection est alors une ligne brisée.

C'est dans ce passage et de g en f que l'on rachette les $0^m,50$ de différence de niveau entre là ligne de feu du chemin couvert de la demi-lune et celle de la place d'armes rentrante. La trace $r'v$ du talus intérieur du passage est à 2 mètres du pied du talus extérieur de la traverse ; et le point d de la ligne de feu du chemin couvert n'est qu'à $0^m,83$ de la droite $r'v$, puisque la hauteur n'est ici que de $2^m,50$. La position du point d' se détermine de la même manière, ainsi que celle du point d'' : c'est-à-dire à $2^m,83$ du pied du talus extérieur de la traverse en arrière.

Pour tracer les crémaillères, il faut des points e', e'' comme centres avec un rayon de $2^m,83$, décrire des arcs de cercle et leur mener des tangentes par les points d, d'. On aura ainsi les grandes branches du chemin couvert. Les petites $f'd', f''d''$ s'obtiennent en abaissant des points d', d'' des perpendiculaires sur les droites $df', d'f''$.

Le profil en maçonnerie des traverses était autrefois parallèle à la contrescarpe ; les ingénieurs modernes lui donnent une direction mn, parallèle à la crémaillère, et le construisent en terre. Les angles s,s' des traverses sont coupés et les droites mq, np qui les remplacent sont dirigées de manière à être les bases des triangles isocèles dont s et s' seraient les sommets.

Le chemin couvert et les traverses sont garnis de banquettes; celles des crémaillères s'arrêtent en $hu,h''u'$ à 2 mètres des droites $mq,m'q'$.

Le terre-plein, à partir du pied des talus de banquettes, est incliné de $0^m,10$ vers la contrescarpe pour l'écoulement des eaux.

Le glacis est incliné à $\frac{24}{1}$. Sa trace peut être parallèle à l'ancienne ligne de feu, ou à une des crémaillères (1).

Les places d'armes rentrantes de Cormontaingne sont plus spacieuses : ce qui a permis à cet auteur d'y établir des réduits revêtus en maçonnerie, comme Vauban l'avait conseillé dans son *Traité de la Défense des places*.

227. Réduits de places d'armes rentrantes. Ces réduits ont l'avantage de défendre le chemin couvert, dont ils enfilent les branches; de recueillir les troupes battues, et de permettre les retours offensifs sur le chemin couvert; enfin, de donner des feux rasants sur les glacis de la demi-lune et du bastion. Ces ou-

---

(1) Revoir ce qui a été dit des propriétés du chemin couvert, en parlant du système de Vauban, art. 211.

vrages, ne devant agir qu'après la perte du chemin couvert de la demi-lune, n'ont qu'un très faible commandement sur celui-ci ; il est ordinairement de 1^m.

Le plus grand service qu'ils rendent à la défense, c'est de masquer la trouée de la tenaille, et d'empêcher l'ennemi, maître de la place d'armes rentrante, de battre en brèche la courtine, ce qui aurait un grave inconvénient, comme on le verra plus loin en parlant des retranchements (art. 234).

Cormontaingne conseille de défiler ces réduits en leur donnant 0^m,50 de plus au saillant qu'aux extrémités des faces ; cependant les ingénieurs modernes les tiennent horizontaux. Pour bien défiler les hommes sur le terre-plein, on maintient le pied du talus de banquette à 2^m,50 au-dessous de la ligne de feu, ce qui le met à la cote 8^m,50 (en admettant le réduit coté 11), et l'angle de la gorge étant à la cote du terrain 7^m,50, le terre-plein est ainsi défilé d'un mètre.

228. DEMI-LUNE (*fig.* 187). Le fossé de la demi-lune a **20** mètres. Une largeur plus grande, comme nous l'avons dit en traitant Vauban, art. 210, permettrait à l'ennemi d'ouvrir une large brèche à la face du *bastion* par la trouée du fossé de la demi-lune. Il est à désirer, pour la défense, que cette brèche soit le moins large possible pour qu'elle ne présente aux assiégeants qu'un défilé étroit, difficile à franchir. Nous avons dit également que si ce fossé avait beaucoup moins de 20 mètres, les débris de la brèche faite à la face de la *demi-lune* combleraient plus de la moitié de sa largeur, ce qu'il faut éviter.

La contrescarpe de ce fossé aura 7^m,50 de hauteur, et indiquera la profondeur du fossé dont le fond sera coté (0). C'est au-dessus de ce fossé que tous les reliefs seront comptés.

Le chemin couvert étant élevé de 2^m,50 au-dessus du sol, est coté 10 mètres. On en conclura le relief de la demi-lune, en se rappelant, art. 214, que cet ouvrage doit dominer de *deux* mètres au moins son chemin couvert. En conséquence, la ligne de feu de la demi-lune sera cotée 12 mètres à la gorge, et pour la préserver un peu du ricochet, son saillant sera relevé de 0^m,50 et coté 12^m,50.

Malgré l'horizontalité du terrain, on donne toujours un léger défilement aux ouvrages dont on peut ricocher facilement les faces.

229. La demi-lune de Cormontaingne est supérieure à celle de Vauban. Par sa saillie, elle met les bastions dans des rentrants assez prononcés pour que l'assiégeant ne puisse pas établir ses contre-batteries aux saillants du chemin couvert des bastions, avant d'avoir fait brèche à la demi-lune. Cet auteur supprime les flancs de la demi-lune ; il réduit ainsi la largeur de la brèche, qu'il éloigne de l'angle d'épaule. Sa demi-lune couvre bien la courtine, les flancs et les épaules des bastions, des feux directs de la campagne.

Nous avons vu, art. 222, que la grande largeur du terre-plein de la demi-lune de Vauban était un avantage pour l'assiégeant. Cormontaingne n'a donné que 20 mètres d'épaisseur à sa demi-lune, de l'escarpe à la contrescarpe, afin que l'ennemi, maître de cet ouvrage, n'y puisse pas établir des batteries de brèche; cette circonstance l'oblige alors à opérer la descente du fossé pour aller attacher le mineur à l'escarpe du réduit. La prise de la place en est retardée de trois jours, temps nécessaire au mineur pour creuser son rameau et le charger.

Si l'assiégeant veut établir une batterie sur le terre-plein de la demi-lune pour battre en brèche le réduit, il est obligé, pour se faire un épaulement B, de prendre les terres du parapet en arrière et de se découvrir en partie aux feux obliques des bastions. Son parados P ne présente pas assez de solidité pour résister aux feux de la place. L'assiégé, tournant le dos à la place, n'a pas de parados à construire, de sorte que les 10^m de largeur du terre-plein de la demi-lune sont suffisants pour la manœuvre de ses pièces; 8^m pour la manœuvre d'une pièce de place, dans le sens du recul, et 2^m pour la circulation des approvisionneurs

230. Réduit de demi-lune. Le fond du fossé de ce réduit n'est pas au niveau de celui du corps de place; il est coté $4^m,50$. Cormontaingne a supprimé ainsi l'inconvénient de la demi-lune du troisième système de Vauban, signalé art. 222, de sorte que la retraite des défenseurs étant assurée, ils tiennent pied plus longtemps.

Ce réduit est plus grand que celui de Vauban. Par construction, il grandit avec la demi-lune. Les flancs de ce réduit voient dans la brèche et peuvent recevoir trois pièces. Ils obligent donc l'ennemi à s'emparer de la demi-lune et du réduit avant de songer à donner l'assaut au corps de place.

Le commandement du réduit n'est que de $0^m,50$ sur la demi-lune. Il est défilé de $0^m,50$ du saillant à la gorge. Celle-ci est cotée $12^m,50$.

231. Fossé du corps de place. Le fossé du corps de place n'a que 29^m de largeur au saillant, et va en s'élargissant vers le flanc. Cormontaingue a voulu ainsi diminuer l'étendue de la contre-batterie xy, qui est égale à la largeur du fossé et à celle du chemin couvert, en tout 39^m.

232. Corps de place. Les faces de ce système défendent parfaitement les dehors de la place. Avec un côté extérieur de 360^m, elles sont de 120^m, dont 30^m sont couverts par la demi-lune. Il reste donc 90^m pour la défense du fossé de la demi-lune, du chemin couvert et du glacis. En additionnant la largeur de chacune de ces parties, on trouve 90^m; la défense est complète.

Avec les bastions spacieux de Cormontaingue, les assiégés peuvent se bien retrancher et se présenter en nombre sur la brèche pour rejeter l'assaillant dans le fossé.

233. Flancs. Les flancs reculés de Vauban avaient l'inconvénient d'étrangler les bastions : Cormontaingue les a reportés en avant, sur l'alignement de l'angle d'épaule et perpendiculairement aux lignes de défense. La demi-lune couvrant parfaitement les flancs des bastions, il a supprimé les orillons, d'une construction coûteuse. Avec un côté extérieur de 360^m, les flancs ont 46 mètres environ de ligne de feu ; ce qui leur assure la supériorité de feux sur la contre-batterie.

La défense des fossés du corps de place par les flancs est toujours bonne dans ce tracé, qu'elle ait lieu par l'artillerie ou la mousqueterie.

La cote de la ligne de feu du corps de place s'obtient en augmentant de 2^m celle de la demi-lune. Il vient 14^m pour la courtine et les flancs. Les faces des bastions sont défilés de $0^m,50$.

234. Tenaille. La tenaille, dont les propriétés ont été expliquées article 213, est un ouvrage dont le faible relief ne doit pas gêner l'action des flancs sur la brèche faite à la face du bastion. On le détermine de la manière suivante : on coupe le flanc et la tenaille par un plan TP (*fig.* 184), et l'on construit (*fig.* 188) le profil du flanc. On porte $T'P'=TP$, P est pris à 30^m de l'angle d'épaule. On relève P' d'un mètre et l'on joint R au point G sur la genouillère, à $1^m,30$ au-dessous de la ligne de feu. Cette droite représente le coup de canon tiré sur la brèche. Puis, portant de T' en i', la distance Ti qui sépare la ligne de feu du flanc de celle de la tenaille sur la trace du plan TP, et élevant une perpendiculaire au point i, jusqu'à sa rencontre avec GR, on aura en $i'V$ la hauteur de la ligne de feu de la tenaille. On diminue cette quantité de $1^m,20$, pour que le vent du boulet ne gêne pas les défenseurs.

On peut trouver cette hauteur par la similitude des triangles GgR, VvR, on a :

$$Vv : vR :: Gg : gR$$

d'où $Vv = \dfrac{vR \times Gg}{gR}$.

On a d'une part à ajouter $vi = 1^m,00$ et à en retrancher $1^m,20$ d'une autre, ce qui revient à diminuer de $0^m,20$ la quantité trouvée pour Vv.

235. **Cavaliers.** Nous avons vu Pagan construire un second bastion dans l'intérieur du premier à l'effet de prolonger la défense. Cormontaingne a profité de la capacité de ses bastions pour y élever un cavalier revêtu, destiné à dominer l'enceinte et les ouvrages extérieurs, et à fouiller les dépressions de terrain aux environs de la place. Le bastion de droite de la figure 184 contient un cavalier ; les faces sont à 35 mètres de celles du bastion, et les flancs à 25 mètres de ceux de la place ; un fossé de 10 mètres isole le bastion du cavalier ; et pour éviter que l'ennemi, maître du bastion, ne tourne le cavalier, on pratique une *coupure* dont la position de l'escarpe est donnée par la direction S*d* figurant le coup de canon le plus oblique parti de la batterie de brèche.

Une *coupure* est une solution de continuité de tout le terrassement d'un ouvrage qui produit par conséquent un fossé qu'on a soin de revêtir. La contrescarpe de cette coupure est dans le prolongement de la face de la demi-lune.

Pour détruire l'angle *mort* au point *e*, on recule la partie *he* de l'escarpe correspondant à la largeur du fossé, et on la reporte en *h'e'* à 8 mètres de manière à permettre à des hommes placés en *c* (*fig* 189), et appuyés contre le garde-fou *pq*, de voir ce qui se passe dans l'angle du fossé **A**.

La direction *om* du profil du parapet de la coupure et de celui de la traverse est donnée par la droite *no* prolongée. Cette droite rase le saillant du cavalier et passe par le point *o*, intersection de l'escarpe de la coupure et de la contrescarpe du fossé du cavalier. Elle figure un coup de feu tiré par les assiégeants, maitres du saillant du bastion.

L'escarpe de la coupure et celle de la retirade sont prolongées jusqu'à la plongée, comme dans Vauban, à l'effet d'augmenter la difficulté de l'escalade.

Le commandement du cavalier sur le bastion est au minimum de 3^m, pour que les feux de ces deux ouvrages puissent agir simultanément. $14^m + 3^m = 17^m$ pour la cote de la ligne de feu du cavalier. Vu son grand commandement sur la campagne, le cavalier n'est pas défilé.

Le revêtement des flancs de ces cavaliers est un danger pour les canonniers manœuvrant leurs pièces, il serait préférable de supprimer cette maçonnerie et de prolonger le talus extérieur.

236. RETRANCHEMENT. Le retranchement (*fig.* 190) est de ceux que l'on construit dans un bastion, lorsque l'ennemi, par ses travaux, a fait connaître le bastion par lequel il veut pénétrer dans la place. Il varie de forme et de position, comme l'indique la figure 184. Le premier **R** est trop avancé dans le bastion et les feux des contre-batteries en chasseraient les défenseurs. La position **R″** était obligatoire avant l'invention des réduits de place d'armes, afin de se garantir des assauts donnés aux brèches faites aux courtines par les trouées des tenailles. Cet inconvénient ayant disparu depuis Cormontaingne, les ingénieurs modernes ont adopté la position R′ dont voici la formule :

On divise les flancs en trois parties égales (*fig.* 190), et on réunit les points ii' par une droite qui représente le côté extérieur. Sur cette droite ii'' on construit un front bastionné avec une perpendiculaire au $\frac{1}{8}$ et un fossé de dix mètres de largeur moyenne.

On ne doit jamais beaucoup compter sur les retranchements en terre exécutés pendant la durée d'un siége, avec des hommes épuisés par les privations de toute espèce, et sous le feu continuel de l'ennemi. Il vaut mieux les préparer de longue main pour les retrouver au moment du besoin. De bons retranchements permettent à l'assiégé de soutenir plusieurs assauts à l'enceinte sans craindre de voir la place emportée d'assaut. Le cavalier revêtu et construit en même temps que la place, remplit parfaitement cet objet.

Détails des reliefs, des communications et des profils généraux (*fig.* 191, 192, etc.).

237. Terre-pleins. Les terre-pleins des ouvrages sont généralement à $2^m,50$ au-dessous des lignes de feu. Il y a exception pour celui du corps de place, du cavalier et des places d'armes rentrantes qu'on

tient à 3 mètres. Ils sont tous également inclinés à $\frac{60}{1}$ vers les fossés ou les parties basses qui les avoisinent pour l'écoulement des eaux.

238. **Parapets.** Les parapets qui sont vus de la campagne, comme ceux du corps de place, du cavalier, de la demi-lune, et de son réduit lorsque la brèche est ouverte à la demi-lune, ont 6 mètres d'épaisseur. Ceux des retranchements en terre, exécutés dans les bastions, et des coupures dans les ouvrages revêtus, n'ont que 4 mètres. Cette épaisseur peut résister aux canons de 12 ou de 16, les seuls que l'assiégeant puisse hisser par les brèches; le 24 serait trop lourd. Du reste, ces calibres suffisent pour battre en brèche de si près.

On incline les plongées des ouvrages, excepté celles du cavalier, de manière que leurs prolongements passent à 1 mètre ou 1^m,20 au-dessus de la contrescarpe située en avant. Cette pente varie entre $\frac{9}{4}$ et $\frac{5}{1}$. Nous prendrons celle de $\frac{6}{1}$.

239. **Escarpes.** Les escarpes des réduits de places d'armes rentrantes, des réduits de demi-lunes et des retranchements en terre, sont fixées au minimum à 5 mètres, celles des cavaliers à 6 mètres, celle de la demi-lune à 8 mètres, celle du corps de place à 10 mètres.

Les revêtements sont inclinés à $\frac{1}{6}$ dans Cormontaingne; les ingénieurs modernes ont choisi l'inclinaison à $\frac{1}{20}$.

240. **Contrescarpes.** Le minimum des contrescarpes doit être de 4 mètres. Les revêtements (*fig.* 197),

sont toujours couronnés d'une tablette de $0^m,33$ d'é-
paisseur, et en saillie d'autant pour rejeter les eaux ;
les talus en terre sont en arrière d'une quantité égale
au double de l'épaisseur de la tablette, pour que leur
prolongement aille passer par le point c, sommet du
revêtement.

241. CommUNICATIONS. Toutes les fois que la différence de niveau entre deux terrains n'est pas grande,
ou, si l'espace le permet lorsqu'elle est forte, on emploie des rampes pour la franchir ; elles varient de $\frac{4}{1}$
à $\frac{12}{1}$, et ont une largeur de 3 à 4 mètres. Lorsque le
terrain ne permet pas de leur donner une telle pente,
on emploie les pas de souris décrits art. **215.**

Tous les ouvrages intérieurs à l'enceinte du corps
de place ont des rampes. Les ouvrages extérieurs ont
presque tous des pas de souris. La gorge de la tenaille en a deux. Celle du réduit de la demi-lune a un
pas de souris *double*, partant d'un même palier. Ce
réduit possède une rampe en capitale pour se rendre
sur son terre-plein. De chaque côté du réduit, et dans
la contrescarpe de son fossé, on trouve un pas de
souris pour arriver sur le terre-plein de la demi-lune.
La gorge de chaque réduit de place d'armes rentrante
possède un *double* pas de souris partant d'un même
palier. Les fossés de ces réduits contiennent des rampes pour arriver dans les places d'armes rentrantes.
Enfin, les rampes des sorties des places d'armes rentrantes (*fig.* 191), se construisent comme l'indique la figure 198. Elles n'ont que 15 mètres de longueur : ce qui conserve à la trace *mn* une cote de

2^m**,40,** suffisante pour couvrir les hommes placés sur le terre-plein de la place d'armes. On peut diriger la droite *xm* sur le saillant du chemin couvert de la demi-lune pour se préserver de l'enfilade.

242. Poternes. Les poternes sont des passages pratiqués sous des terre-pleins et servant à mettre des ouvrages en communication avec leurs fossés, et par suite avec des ouvrages situés en avant.

La principale, dite *grande poterne*, est sous le milieu de la courtine ; elle a 4 mètres de largeur, et aboutit à 2 mètres au-dessus du fossé, afin qu'on ne puisse pas la pétarder ; la figure 193 représente le plan de la poterne ; la figure 194 en est la coupe suivant C.D, et la figure 192 suivant AB. En temps de guerre, on se sert d'une rampe en bois à $\frac{5}{1}$ pour franchir les 2 mètres de hauteur du seuil de la poterne au-dessus du fond du fossé.

Sous la tenaille est une poterne de 2 mètres de largeur.

Sous chaque flanc du réduit de la demi-lune, on établit une poterne parallèlement à la contrescarpe du grand fossé, et dont la sortie sur le fossé de ce réduit doit être placée de manière à ne pas être aperçue de la contre-batterie du chemin couvert. On arrive à ce résultat en menant *pq* par les points *s* et *g*, et traçant la poterne à 1^m au delà du point *q*.

Les réduits des places d'armes rentrantes ont sous chaque face une poterne pour communiquer avec les places d'armes ; ces poternes ont 2 mètres de largeur. L'une est parallèle au fossé de la demi-lune, l'autre à celui du corps de place. La position de cette poterne est déterminée de manière à éviter le coup de canon xy parti de la batterie ennemie établie au saillant du chemin couvert de la demi-lune. Dans e jambage des poternes, du côté du saillant, on ajoute un petit magasin à poudre qui puisse contenir quatre barils de 100 kil. chacun.

Enfin, il y a deux poternes pour aller de la place dans le fossé du cavalier (*fig.* 189); elles sont circulaires, et le centre de la circonférence qui les décrit est à la rencontre des deux droites **SR**, **RT** qui contiennent les débouchés.

243. Caponnières. Une caponnière est une communication, le plus ordinairement à ciel ouvert, qui permet de se rendre à un ouvrage sans être vu de l'ennemi.

Au débouché de la poterne de la tenaille, dans le grand fossé, on en trouve une de 2 mètres de largeur, garantie des deux côtés par des parapets garnis de banquettes et de gradins. Ces parapets doivent couvrir les défenseurs, en circulation, des coups de feu partis de la contre-batterie du saillant du chemin couvert du bastion. Pour avoir la hauteur de la ligne de ces caponnières, il faut faire le profil résultant de la section du plan mn (*fig.* 191).

La figure 195 donne ce profil. **A** est le profil de la batterie ennemie et du chemin couvert; **A** r le coup de feu qui doit passer à 2^m,50 au-dessus du point m' du passage ; à 1^m,30 au-dessous on mène une parallèle à Ar pour avoir le plan de la banquette, et si par le point z', on mène une droite inclinée aux $\frac{1}{x}$ comme les gradins, sa rencontre z'' avec la parallèle hi donnera un second point de la droite $z'z''$ sur laquelle doivent reposer les gradins. Les gradins étant construits, on porte $1^m,20$ de banquette, et le talus intérieur cb vient déterminer la position b de la ligne de feu sur Ar.

La plongée bk, inclinée à $\frac{6}{1}$, est prolongée en glacis jusqu'à sa rencontre avec le fond du fossé.

On élève aussi une caponnière simple dans le fossé de la demi-lune, pour couvrir les hommes qui se rendent aux pas de souris du réduit de la place d'armes rentrante.

La figure 200 représente la section faite par le milieu du fossé de la demi-lune. Si CD est le coup de feu le plus plongeant, passant à $2^m,50$ au-dessus du point de circulation, la ligne de feu L de la caponnière devra se trouver sur la ligne CD, pour intercepter ce coup de feu. Mais comme il faut garantir les défenseurs de cette caponnière des feux du corps de place en arrière, on construira le profil P du corps de place, on en prolongera la plongée, et à $1^m,20$ au-dessous on mènera, parallèlement à PR, une ligne P'R', sur laquelle devra aussi se trouver la ligne de feu de la caponnière. La ligne de feu sera donc à leur intersection L. La distance C'L' du profil servira à placer la ligne de feu de la caponnière sur le plan (*fig.* 191).

244. **Fossés.** Les fossés sont secs ou pleins d'eau. Les fossés secs sont généralement étroits et profonds,

pour rendre difficile l'ouverture de la brèche par le canon. Ils sont commodes pour les rassemblements des troupes dans les derniers moments d'un siége ; mais ils ont besoin d'être à escarpe et contrescarpe revêtues pour mettre la place à l'abri d'un coup de main.

Les fossés plein d'eau sont d'une excellente défense quand ils ont au moins 2^m de profondeur d'eau. Plus ils sont larges, plus leur passage présente de difficulté à l'assiégeant ; mais ils obligent aussi les assiégés à construire et entretenir des ponts que les bombes détruisent à tout instant. Les communications avec les ouvrages extérieurs sont souvent interrompues au moment où l'on y pense le moins. De là, une grande consommation de bois et la nécessité d'avoir derrière la tenaille des bateaux pour le transport des troupes et des munitions. Ces bateaux diminuant tous les jours, l'assiégé est bientôt réduit à aller en radeaux, moyen de transport peu expéditif et qui est souvent en défaut. Quand ces fossés ne sont pas revêtus, ils sont dangereux dans la saison des gelées parce qu'ils laissent la ville à la merci d'une attaque de vive force.

Les fossés qu'on peut à volonté mettre à sec ou remplir d'eau sont les meilleurs, parce qu'ils forcent l'assiégeant à opérer d'abord comme avec des fossés secs ; et lorsque ses travaux de passage sont sur le point d'être terminés, l'assiégé ouvre ses écluses, et l'eau s'en échappant avec violence, entraîne ou inonde complétement les travaux de l'assiégeant ; opération que l'assiégé peut renouveler lorsqu'il s'est ménagé un moyen de faire écouler les eaux.

Quand les fossés sont secs, il y a toujours dans leur milieu un autre petit fossé de 1ᵐ de profondeur et de 4ᵐ de largeur qu'on appelle *cunette*. Il sert à recevoir les eaux pluviales pour les rejeter plus loin,

245. TALUS. Les profils généraux compléteront les détails dans lesquels il serait superflu d'entrer. En règle générale, les talus extérieurs sont toujours d'une largeur égale à la différence de niveau entre la crête extérieure du parapet et le sommet du revêtement. Quand un ouvrage est défilé, la différence de niveau entre sa crête extérieure et son escarpe se fait sentir sur le talus extérieur, qui doit être plus large au saillant d'une quantité égale à cette différence.

246. La coupe (*fig.* 192), faite suivant DEFGHIJ (*fig.* 191), donne les détails de la grande poterne, de la tenaille, de la caponnière, du réduit de la demi-lune, de la demi-lune et de son chemin couvert. Elle fait voir que l'escarpe du réduit est maintenue à la hauteur du terre-plein de la demi-lune. On agit ainsi pour qu'elle ne soit pas vue du chemin couvert après l'éboulement de la brèche de la demi-lune. La droite *rt* menée par le point *t* au tiers de la hauteur du revêtement indique la partie qui ordinairement tombe dans le fossé ; il est facile de voir par là que l'ennemi sera obligé de monter sur la demi-lune pour battre en brèche le réduit.

247. Le profil 196 nous fait connaître la hauteur d'escarpe et de contrescarpe du réduit de place d'armes rentrante. Comme on demande au moins 4 mètres de contrescarpe, on aura la cote du fossé

en retranchant 4 mètres de 7^m,50 ; il restera 3^m,50 ;
et si l'on ajoute à 3^m,50, la hauteur 5 mètres exigée
pour l'escarpe de ce petit ouvrage, on obtiendra
pour côté du revêtement 8^m,50.

248. La figure 199 donne le profil du cavalier et
de son fossé. Celui-ci a ordinairement 4 mètres de
contrescarpe et 6 mètres d'escarpe. Le fond est généralement de 0^m,50 plus bas que le sol de la place,
pour l'écoulement des eaux.

Il est peu de places qui contiennent des cavaliers
revêtus. Ceux qui existent ont la forme de grands
bastions non revêtus, sans fossés et dont le talus extérieur vient s'appuyer sur le terre-plein du bastion.
Aussi ne peuvent-ils pas servir de retranchements.
Ces espèces de cavaliers s'emploient souvent pour
défiler les flancs et les courtines des feux de revers ct
d'enfilade. Ils ont toujours l'avantage de prolonger
beaucoup les travaux de l'assiégeant et de l'obliger à
se bien couvrir, ce qui lui prend du temps.

Maubeuge, Saint-Omer, Valenciennes, Landrecies, Dunkerque, etc., et presque toutes nos places
en renferment de non revêtus.

Ouvrages avancés (*fig.* 201).

249. Lunettes. Les lunettes sont de grandes demi-
lunes jetées en avant des glacis, sur les capitales des
bastions et des demi-lunes, pour éloigner de la place
les premiers travaux de l'assiégeant, et prolonger la
défense. Ces ouvrages avancés, en laissant de grands
espaces derrière eux, facilitent les sorties que les as-

siégés font pendant la durée d'un siége pour détruire les travaux de l'ennemi. Ils donnent la possibilité de se réunir sur les glacis, et assurent la retraite des défenseurs, qui sont protégés dans ce mouvement par ces ouvrages qui mettraient l'ennemi entre deux feux s'il osait les dépasser.

Lorsque ces ouvrages n'existent pas, l'ennemi peut d'autant mieux poursuivre les assiégés, que le canon de la place ne peut pas agir dans la crainte de blesser ses défenseurs.

Dans les terrains secs, les fossés sont revêtus, et les lunettes sont couvertes par un seul chemin couvert qui les enveloppe toutes. On y arrive par une caponnière double, fortement palissadée et mieux par une galerie souterraine. La gorge peut être fermée par une palanque ou par un mur crénelé de $0^m,50$ d'épaisseur et de 2 mètres de hauteur au-dessus du terre-plein de l'ouvrage.

Lorsque les fossés peuvent avoir au moins 2 mètres de profondeur d'eau, on se dispense de les revêtir afin d'éviter une dépense. Le passage du fossé est alors la grande difficulté que rencontre l'ennemi.

En terrain horizontal, les lunettes sont défilées de $0^m,50$ du saillant à la gorge. Lorsque le terrain est accidenté et qu'il est nécessaire de les défiler ou de prendre des plongées sur le sol environnant, leur saillant ne doit pas s'élever à plus d'un mètre au-dessus du chemin couvert des bastions.

Les lunettes réparties sur les capitales des bastions et des demi-lunes sont bonnes en ce qu'elles obligent l'ennemi à en prendre plusieurs pour éviter les feux de revers qu'il essuierait s'il s'avançait vers la place en les négligeant.

Plus un assiégeant a de lunettes à enlever, plus il a de travaux à effectuer, plus il expose de monde et plus il en perd ; mais il ne met pas plus de temps à en prendre quatre ou cinq que s'il n'y en avait qu'une, les travaux d'attaque s'exécutant simultanément sur toute la ligne.

On remarque de ces lunettes dans beaucoup de nos places ; on en voit en avant des glacis de Thionville. La lunette de Saint-Laurent, prise par les Français au siége d'Anvers, en 1832, fait partie d'un système de lunettes revêtues et à fossés pleins d'eau, disposées au sud de la ville et de la citadelle.

Des pièces à revers inaccessibles.

250. L'assiégeant marchant à l'attaque d'une place, est obligé de prendre les lunettes qui ont vue sur ses travaux et qui pourraient les prendre à revers. Mais il arrive quelquefois que ces lunettes ou ces ouvrages sont inaccessibles. Un ouvrage est considéré comme tel lorsqu'il est situé sur un roc escarpé de tous côtés, ou au milieu d'une inondation que l'ennemi ne peut pas saigner, et soumis au feu des fusils de rempart.

Les pièces inaccessibles imposent à l'assiégeant l'obligation de s'éloigner des fronts qu'elles défendent, ce qui réduit de beaucoup le nombre des fronts attaquables. On leur donne habituellement un fort relief pour qu'elles voient bien les glacis des fronts voisins, et qu'elles plongent les travaux de l'ennemi assez imprudent pour se mettre sous le feu de tels ouvrages. On leur donne 8 mètres d'épaisseur pour résister aux effets de l'artillerie, et leur développement doit être assez grand pour contenir une artillerie capable de lutter avantageusement avec celle de l'ennemi.

Ouvrages à cornes et à couronne.

251. L'ouvrage à cornes était en vogue au commencement du dix-septième siècle. Vauban avait une prédilection pour cette pièce, aussi l'a-t-il employée chaque fois qu'il a pu en tirer parti. Cet ouvrage, disposé en avant sur la capitale de la demi-lune d'un front, et de manière à appuyer ses branches sur les faces des demi-bastions de ce front (*fig.* 202), est détestable, parce que l'ennemi, maître de son chemin couvert, peut faire brèche aux faces des bastions par les trouées des fossés des grandes branches, ce qui est toujours un danger. Parvenu dans l'ouvrage, l'ennemi y chemine commodément, garanti qu'il est des feux des ouvrages collatéraux par les parapets des grandes branches.

Cet ouvrage, placé sur la capitale d'un bastion (*fig.* 203), s'appuie sur les faces des demi-lunes collatérales, et donne la possibilité d'y faire brèche. Cette position est moins mauvaise, puisque les brèches à la demi-lune ont moins d'importance que celles du bastion, mais elle ne saurait convenir. Aussi n'est-ce que sous le point de vue d'ouvrage détaché que nous allons le considérer.

On évite une partie des inconvénients que nous avons signalés, en portant cet ouvrage aux pieds des glacis (*fig.* 204).

Le côté extérieur d'un ouvrage à cornes peut être de 300 à 400 mètres, comme pour un front bastionné quelconque. Il est muni d'une tenaille, d'une demi-lune avec réduit et d'un chemin couvert. Les branches ont au plus 150 mètres pour que la place puisse en balayer les fossés.

Un ouvrage détaché comme celui-ci ne devrait pas avoir moins de six mètres d'escarpe revêtue, et de 4 mètres de contrescarpe. Il faut qu'avec de telles dimensions, le corps de place ne perde pas le commandement minimum de 2 mètres, qui lui est nécessaire sur les ouvrages extérieurs.

Un pareil ouvrage a l'avantage de prendre à revers les glacis des fronts voisins, et de forcer l'ennemi à marcher sur lui pour arriver à la place, ou à s'en éloigner assez pour en éviter les feux, ce qui restreindra les fronts attaquables. Cependant, en terrain horizontal, ils ne rendent pas plus de services qu'une simple lunette, et coûtent beaucoup plus cher. Il sera donc convenable de les conserver pour d'autres applications dont le besoin se fait sentir en terrain accidenté.

Tout ce que nous venons de dire des ouvrages à cornes s'applique aux ouvrages à couronne (*fig.* 205).

Ces pièces sont indispensables pour occuper des hauteurs dont le commandement serait nuisible à une place; barrer des passages dans des marais, et prendre possession, au bord d'une rivière, de la rive opposée à celle sur laquelle est une ville, de manière à couvrir les fronts de cette place et à en éloigner les travaux de l'assiégeant.

Tel est le but qu'on s'est proposé en construisant la double couronne de Moselle à Metz, en 1728; le couronné de Belle-Croix, en 1733; celui d'Hyutz à Thionville en 1738 (1); l'ouvrage à cornes de Landrecies, et tant d'autres.

Cormontaingne a dédaigné les ouvrages à cornes pour leur préférer les ouvrages à couronne.

Ces ouvrages avancés ne conviennent qu'aux grandes villes dont les garnisons sont assez fortes pour bien les défendre. Les petites ne contiennent pas assez de monde ; et lorsqu'on y jette des troupes en quantité suffisante, celles-ci manquent d'espace, consomment promptement les vivres et les munitions, et sont bientôt forcées de capituler.

Citadelles.

252. On entend par citadelle une petite place forte élevée à côté d'une ville fortifiée, et quelquefois non fortifiée. La nécessité de contenir des villes nouvellement conquises, et de pouvoir les châtier en cas de révolte, a donné naissance aux premières citadelles. Elles doivent découvrir la ville ou du moins une grande partie; telles sont les citadelles de Lille, Anvers, Strasbourg, etc. Il faut qu'elles soient d'une capacité

---

(1) Ces trois ouvrages sont de Cormontaingne.

telle que les troupes de la garnison de la place et de la citadelle, en temps de paix, puissent y trouver asile en cas de soulèvement de la population, et qu'en temps de guerre, il y ait place seulement pour les deux tiers de la troupe : l'expérience ayant démontré qu'après un siége, le corps qui se défend est réduit aux deux tiers de ce qu'il était à l'ouverture de la tranchée, quand il s'est bien conduit.

Les citadelles ne sont bonnes qu'autant qu'elles contiennent assez de souterrains et de casemates pour mettre les munitions de toute espèce et les hommes à l'abri des projectiles de l'ennemi. Les citadelles existantes aujourd'hui manquent de tout cela, sont petites, et ne remplissent pas le but qu'on s'est proposé.

Quand une citadelle est placée à côté d'une ville fortifiée, il faut que les fronts qui font face à la campagne présentent une supériorité incontestable sur le front qui regarde la ville, et sur ceux de la ville, et puissent tenir plus de temps que n'en demanderait l'attaque de la ville et de la citadelle par le front du côté de la ville ; car s'il en était autrement, l'ennemi attaquerait la citadelle dont la chute entraînerait immédiatement celle de la ville.

Forts.

253. Les forts sont de très petites places élevées pour fermer des passages dans des pays de montagnes, défendre et dominer des routes, couvrir les écluses d'une inondation importante, protéger une navigation, défendre les abords d'une place de guerre

ou d'une place ouverte, l'entrée d'une rade, d'un port.

C'est dans cette intention qu'on a élevé la forteresse de Briançon sur le mont Genèvre ; celle de Lesseillon au pied du Mont-Cenis en Piémont ; le fort de *Bard* dans la vallée d'Aost ; celui de *Belle-Garde* dans les Pyrénées, à côté de la route de Catalogne, débouchant sur Figuières ; le fort *Saint-François* à Aire, couvrant les écluses de la Lys ; celui de la *Scarpe* à Douai, remplissant le même but sur la Scarpe ; les forts *Louis* et *Français*, entre Dunkerque et Bergues, couvrant la navigation du canal de Bergues à Dunkerque ; les forts des environs de Paris (1), ceux de Lyon, etc.

Les places maritimes étant de grands dépôts qui contiennent beaucoup de matières inflammables, leur sûreté exige que les environs soient occupés dans un rayon de 2,000 mètres, et que les points d'où l'on pourrait bombarder la ville le soient plus fortement : c'est ce qu'on a fait à Brest, à Cherbourg et à Toulon.

Les grandes places sont les meilleures ; cependant, dans les cas que nous observons, les petites remplissent le même objet, coûtent moins cher et seraient d'une bonne défense si elles renfermaient des casemates et des souterrains en quantité suffisante pour abriter les hommes et les munitions, défaut qu'on reproche à presque toutes nos places. On se rappelle

---

(1) Voir, à la fin du volume, les fortifications de Paris.

qu'en 1800, le petit fort de Bard faillit arrêter l'armée du premier consul dans la vallée d'Aost.

Camps retranchés.

254. On appelle *camp retranché* un terrain environné de lignes continues, et mieux à intervalles, et d'une capacité assez étendue pour servir momentanément de retraite à une armée qui attend des secours.

Un bon camp retranché devrait pouvoir arrêter l'ennemi jusqu'à la reddition du camp ; mais il est rare de trouver des positions à l'abri d'être tournées par l'ennemi. Celui de Torrès-Vedras, en avant de Lisbonne, dans une presqu'île, appuyé à la mer dont les Anglais étaient maîtres, était dans les conditions les plus favorables, mais aussi les plus rares.

Ces avantages ne s'étant pas rencontrés pour les camps de Céva en 1796, de Drissa en 1812, les défenseurs furent obligés de les abandonner dès qu'ils eurent été dépassés à droite ou à gauche.

Les meilleurs camps retranchés sont ceux qui sont à cheval sur une rivière et qui permettent de manœuvrer alternativement sur l'une ou l'autre rive.

Celui de Dresde, en 1813, soutint deux mois les efforts de l'ennemi. Mais dès que l'Autriche eut déclaré la guerre à la France, ce camp, tourné par elle, fut obligé de se rendre peu de jours après.

La résistance dépend beaucoup de la position respective des deux armées belligérantes. En 1800, Moreau est arrêté un mois devant le camp retranché d'Ulm, défendu par Kray. En 1805, Napoléon opère par Donawert, et ce même camp retranché est la perte de Mack qui s'y était renfermé avec son corps d'armée.

Cet exemple est celui d'un *camp retranché sous une place.* Ceux qu'on construit ainsi doivent laisser de vastes débouchés aux troupes pour manœuvrer, et occuper de grands espaces pour que l'ennemi ne puisse les envelopper. Il faut alors que l'armée trouve dans la place assez de munitions de toute espèce pour attendre des secours et reprendre l'offensive au moment décisif; et si la ville est située sur un fleuve ou sur une rive et le camp sur l'autre, l'ennemi sera forcé de rester en observation. Tels sont aujourd'hui les camps de Lintz et de Vérone, flanqués de *tours maximiliennes* en maçonnerie.

La bonté de ce système vient d'être justifiée par les dernières opérations des Piémontais en Lombardie (au printemps 1848). L'inaction forcée du roi Charles-Albert, ou plutôt *l'impossibilité où il fut d'attaquer Vérone, est expliquée* par les quelques lignes qui suivent et qui sont extraites des écrits du maréchal Marmont, en parlant des *tours maximiliennes* appliquées à des camps retranchés : « Je ne discuterai pas la force des tours isolées ; je les crois peu capables de résister, si elles étaient abandonnées à elles-mêmes. Mais couvrant une armée qui se renferme dans l'espace qu'elles embrassent, elles me paraissent inattaquables. *Jamais l'ennemi ne pourra en entreprendre le siége, soutenues qu'elles sont par l'armée, et jamais l'armée placée sous leur protection, n'aura rien à redouter.* » Et plus loin on lit : « Le camp retranché de Vérone peut et doit jouer un rôle important, entre les mains d'un général qui saura s'en servir et manœuvrer. Radetzki l'a prouvé.

Les forts détachés des environs de Paris forment ensemble un vaste camp retranché qu'il sera toujours impossible d'envelopper, et dans lequel les débris d'une armée vaincue pourront se refaire, se réorganiser et se présenter en ligne suivi de 200 mille gardes nationaux mobiles et de 300 mille hommes de réserve.

TROISIÈME PARTIE.

Attaque et défense des places.

255. Lorsqu'une place est déclarée en *état de guerre*, on pourvoit de suite à sa mise en état de défense. Une place est en *état de guerre* : 1° Lorsqu'en temps de guerre, elle est en première ligne sur la côte, ou à moins de cinq journées de marche des places, camps et positions occupés par l'ennemi ;

2° En tout temps, par des travaux qui ouvrent la place, lorsqu'elle est située sur les côtes, ou en première ligne ; par des rassemblements formés dans le rayon de cinq journées de marche, sans l'autorisation des magistrats ; par un décret du Gouvernement, lorsque les circonstances obligent de donner plus de force et d'action à la police militaire, sans qu'il soit nécessaire de mettre la place en état de siége.

L'*état de siége* est déterminé par un décret du Gouvernement, ou par l'investissement, par une attaque de vive force, par une surprise, par une sédition intérieure, ou enfin par des rassemblements formés dans le rayon d'investissement, sans l'autorisation des magistrats.

Dans le cas d'une attaque régulière, l'état de siége ne cesse qu'après que les travaux de l'ennemi ont été détruits et les brèches mises en état de défense.

16.

256. Vauban admet qu'il faut :

En infanterie, par bastion, 600 hommes ;

    artillerie, $\frac{1}{10}$

    cavalerie, $\frac{1}{10}$

    génie, $\frac{1}{30}$.

L'état-major dépend de l'importance de la place.

Si une place a des ouvrages avancés, on augmente la garnison de 300 hommes par lunette attaquée (il est toujours facile de savoir combien l'ennemi peut en embrasser dans une attaque); l'augmentation sera de 600 hommes par ouvrage à cornes, et de 600 par front d'un ouvrage à couronne.

257. Si, par sa position en dehors du théâtre présumé des opérations, une ville n'avait à craindre qu'un coup de main ou un blocus, on pourrait réduire de beaucoup le nombre des troupes ; et on en aurait le minimum en se basant sur les nécessités d'un bon service de surveillance, pour bien garder le corps de place seulement. Connaissant la garde nécessaire pour le service des vingt-quatre heures, on a multiplierait par trois, et le produit donnerait le minimum de la garnison de *sûreté*.

258. Après la garnison, on songe aux approvisionnements en blé, farine, biscuit, légumes secs, viande sur pied, viande salée, vin, vinaigre, eau-de-vie, sel, bois, tabac, pipes, et en tout ce qui est utile à la vie des hommes, des chevaux et des bestiaux. Ces approvisionnements doivent être faits dans l'hypothèse d'une défense très longue, pour fournir largement aux besoins de la garnison, et ne pas la priver du nécessaire, lorsqu'elle est déjà exténuée de fatigue.

Voici l'indication des denrées qui entrent dans la composition de cette sorte d'approvisionnement et les proportions à observer pour chacune d'elles (1).

1° Le froment, pour toute la durée du siége, à raison de $0^k,62$ par ration;

2° Le riz, pour les distributions ordinaires, à raison d'une ration de $0^k,03$ par jour, pour la moitié de la durée;

Le riz, en remplacement de salaisons, à raison de deux rations par jour, pour les deux tiers de la durée;

3° Les légumes secs, à raison d'une ration de $0^k,06$ par jour, pour la moitié de la durée;

4° Le sel, à raison d'une ration de $0^k,016$ par jour ($\frac{1}{60}$ de kil.); pour toute la durée;

5° La viande fraîche, à raison d'une ration de $0^k,25$ par jour, pour le tiers de la durée (un bœuf ordinaire fournit environ 250 kil., ou 1,000 rations, le mouton environ 15 kil., ou 30 rations; la ration étant de $0^k,50$);

6° Le bœuf salé, à raison d'une demi-ration par jour, pour les $\frac{2}{9}$ de la durée (la ration est de $0^k,250$);

7° Le lard salé, à raison d'une demi-ration par jour, pour les $\frac{4}{9}$ de la durée (la ration est de $0^k,200$);

8° Le foin, pour les chevaux, à raison de $7^k,500$ par cheval et par jour, pour toute la durée;

---

(1) Extrait du *Cours d'administration militaire* de **M. Vauchelle**, intendant militaire. Voir cet ouvrage pour de plus amples renseignements.

Le foin, pour les bestiaux (bœufs et vaches), à raison de 10 kil. par jour, pour la *moitié* de la durée;

Le foin, pour les bestiaux (moutons), à raison de 2 kil. par jour, pour la moitié de la durée;

9° La paille, pour les chevaux, à raison de 5 kil. par cheval et par jour, pendant toute la durée du siége;

La paille, pour les hommes, à raison de $2^k,500$ par homme et par mois, pour toute la durée;

10° L'avoine, à raison de $3^k,06$ (8 litres et demi) par cheval et par jour, pour toute la durée; $=0^l,625$;

11° Le vin, à raison d'un quart de litre, par homme et par jour, pour la moitié de la durée : $=0^l,25$;

12° L'eau-de-vie, à raison d'un seizième de litre, par homme et par jour pour toute la durée; $=0^l,625$;

13° Vinaigre, à raison d'un vingtième de litre, par homme et par jour, pour un mois sur trois : $=0,05$;

14° Le bois de chauffage, à raison de $\frac{1}{150}$ de stère ou 2 kil., par homme et par jour, pour toute la durée;

Le bois pour la cuisson du pain, à raison d'un stère pour 5 quintaux métriques de farine blutée, ou l'équivalent en grains et farines brutes;

15° La chandelle, à raison de 3 chandelles de 16 au kil,, pour seize hommes, par jour, pour toute la durée;

16° Eau pour boisson, soupe et blanchissage, à raison de 3 litres et demi par homme et par jour.

Quand la bière ou le cidre remplace le vin, la ration en est d'un demi-litre.

La paille, pour le couchage des hommes, est due tous les quinze jours et à chaque changement de position, à raison de 5 kil. par homme, sous la tente ou baraqués ou sous des blindages.

259. Il est utile de savoir qu'un sac de blé de 100 kilog., produit 162 rations, et que sa capacité est d'un hectolitre 0,33 centièmes; que l'hectolitre de froment pèse, année commune, de 72 à 75 kilogr.; que 100 kilogr. de farine blutée à $15\frac{0}{0}$ représentent 117 kilogr. 65 hect. de grain, et donnent 184 rations; que 100 kilogr. de farine brute, au poids brut, sac compris, représentent 100 kilogr. de grain, au poids net, sac non compris.

260. ESTIMATION DE LA DURÉE D'UN SIÉGE. Connaissant les rations individuelles et leurs rapports entre elles, il suffira pour s'approvisionner en conséquence, de calculer la durée probable d'un siége; supposons un hexagone régulier du système de Cormontaingne, et prenons pour base ce que Vauban dit dans ses ouvrages; on aura cette estimation de la manière suivante :

Pour l'investiture de la place, travaux des ouvrages de soutien, amas des matériaux nécessaires pour les différents travaux d'un siége, — 9 jours.

Depuis l'ouverture de la tranchée jusqu'au couronnement du chemin couvert, — 13

Construction des batteries de brèche, ouverture d'une brèche praticable, descente et passage du fossé de la demi-lune, — 7

Prise de la demi-lune, — 3

Prise du réduit, — 4

A reporter, — 36

Report,	36 jours.
Passage du grand fossé des bastions, commencé après la prise de la demi-lune,	4
Défense des brèches,	2
Reddition de la place,	2
Plus-value de la défense, provenant des fautes ou de la négligence de l'ennemi,	4
Total,	48

Un hexagone en position d'être assiégé d'un moment à l'autre, devra donc toujours avoir pour deux mois de vivres au moins, et nous croyons prudent d'en réunir pour six en cas de blocus.

261. MATÉRIEL DE L'ARTILLERIE (1). L'armement en artillerie sera pour les places du (2)

1er ordre, de 100 à 150 bouches à feu, dont moitié du calibre de 24 et de 16, $\frac{1}{4}$ de 12 et $\frac{1}{6}$ de 8 (canons de bataille);

2e ordre, de 70 à 90 (même observation);

3e ordre, de 40 à 60.

Pour les forts et les postes de 12 à 40.

C'est environ 10 pièces par front; on y ajoute 40 fusils de rempart par front.

Armes de rechange.

Fusils de rempart, par front,	20
Fusils de munition, par fantassin,	1
Mousquetons, suivant la place,	100, 200 ou 300

---

(1) Voir le travail de la Commission de l'an VII, convoquée à ce sujet.

(2) Les places du 1er ordre sont celles construites sur un polygone de 12 côtés ou plus; celles du 2e, sur 7 côtés et moins de 12; et celles du 3e ont moins de 7 fronts.

Paires de pistolets, suivant la place,   25, 50 ou 75

Sabres de cavalerie, $\frac{1}{5}$ du nombre d'hommes de cette arme.

 Faux à revers, 30 par brèche présumée,   90

Fourches de rempart, 30 par brèche présumée,   90

Affûts et armements.

Affûts à canon, pour trois pièces,   4

Avant-trains, $\frac{1}{5}$ du nombre de pièces.

Affûts à mortiers et pierriers, $\frac{1}{4}$ en sus du nombre.

Affûts d'obusiers, moitié en sus du nombre.

Armement et assortiment des bouches à feu, plates-formes, autant que d'affûts.

Projectiles.

Boulets (dont $\frac{1}{2}$ de boulets creux par pièce de 24), par cha-que canon,   900

 Boulets (*id.*), par pièce de bataille,   400

Bombes, par gros mortier,   500

Bombes, par petit mortier,   600

Obus, par obusier,   500

Paniers et plateaux, par chaque pierrier,   1200

Pierres, $64^{\text{mc}},00$

Cartouches à balles, par pièce de gros calibre,   30

—   —   par pièce de petit calibre,   75

—   —   par pièce de bataille,   200

—   —   par obusier,   15

Grenades de rempart,   3000

Grenades à main,   20000

Fusées, en sus du nombre des projectiles creux, $\frac{1}{4}$

Poudres.

Pour canons, $\frac{1}{3}$ du poids des boulets et des cartouches.

Pour gros mortiers, par bombe, $5^{k},00$

Pour petits mortiers et obusiers, par projectile, $1^{k},50$

Par pierrier,   600ᵏ,00

Par grenade de rempart,   1ᵏ,75

Par grenade à main,   0ᵏ,25

Par arme à feu portative (1),   7ᵏ,50

Plomb, en rapport avec la poudre (2).

Pour mines, artifices et déchets, $\frac{1}{10}$ du total de la somme des quantités précédentes.

Artifices.

Balles à feu, par nuit, sur chaque cheminement,   5

Tourteaux goudronnés, par nuit, par bouche à feu,   6

Fusées de signaux,   100

Roche à feu,   25ᵏ,00

Carcasses, par pierrier,   6

Torches,   100

Outils, approvisionnements divers.

Outils à pionniers, 8 par pièce ($\frac{2}{3}$ pelles, $\frac{1}{4}$ pics à hoyaux et $\frac{1}{12}$ pics à roc),   8

Dames, par pièce,   2

Niveaux, par pièce,   1 $\frac{1}{4}$

Masses, par pièce,   2

Sacs à terre, par pièce,   500

Gabions, par traverse,   32

262. *Matériel du génie.*

Palissades, en nombre suffisant pour garnir le chemin couvert au pied du talus intérieur.

Barrières de sortie, par front,   4

Barrières de défilé de traverse, par front,   12

---

(1) Un kilogramme donne 95 cartouches à balle.
(2) Un kilogramme de plomb fournit 38 balles.

Bois pour les travées des ponts, 4ᵐ de longueur
Bois pour différents blindages.
Bois en sapin pour radeaux (le radeau doit porter 12 hommes).

Gabions pour le service du génie,	500
Gabions farcis,	4
Fascines de 4ᵐ sur 0ᵐ,22, pour le service du génie,	900
Fascines de 3ᵐ sur 0ᵐ,22, pour le service du génie,	900
Claies (longueur totale),	600ᵐ
Chevaux de frise (longueur totale),	200ᵐ
Piquets,	9000
Brancards,	25

Approvisionner l'hôpital de tout ce qui lui est nécessaire.

263. ARMEMENT DE SURETÉ. Pendant ces préparatifs, on établit l'armement de sûreté de la place, qui consiste à mettre en batterie, 3 pièces au saillant de chaque bastion, 2 pièces sur chaque flanc et 2 mortiers par front. Après l'ouverture de la tranchée, on arme avec soin le front d'attaque et les fronts collatéraux, les demi-lunes d'attaque et les demi-lunes collatérales. Les fronts qui n'ont pas vue sur les attaques ne conservent qu'une pièce au saillant de chaque bastion. De deux en deux pièces on élève des traverses.

Mise en état des casernes, hôpitaux, manutentions, magasins, communications, etc.

264. On appelle *blindage*, des poutres jointives disposées horizontalement ou obliquement au-dessus

d'un lieu quelconque de manière à l'abriter et à le garantir du choc des projectiles.

On doit blinder les casernes, les hôpitaux, les ma-
nutentions et les magasins.

Les bâtiments qui n'ont qu'un rez-de-chaussée, tels
que hangars, écuries, magasins, sont plus faciles à
blinder et paraissent plus solides. Quand on est obligé de blinder des bâtiments à plusieurs étages, l'on ne
doit blinder que le plancher supérieur.

Le blindage (*fig.* 206.) est composé d'une couche
de poutrelles *b*, rangées de champ et laissant entre
elles autant de vide que de plein, étrésillonnées par
les bouts et supportées par des poutres *a*. Perpendiculairement à cette première direction, on en met
d'autres *c*, rangées de la même manière. On place
ensuite deux rangées de bois de corde recouvertes de
1^m de fumier ou de 2 mètres de terre. Il faut toujours
ménager les toits, pour préserver le plus longtemps
possible ces bâtiments des eaux pluviales, des dé-
gradations qui en résulteraient et qui rendraient ces
lieux insalubres.

Les portes et les fenêtres sont garanties par des
blindes inclinées, de manière que la base soit la moitié ou les deux tiers de la hauteur. Un pareil blindage
est appliqué aux murs des bâtiments dont la solidité
n'est pas rassurante.

Il n'est besoin, à la rigueur, de créer des abris que
pour le tiers de la garnison, puisque le second tiers
est de garde et que le troisième est de piquet ou occupé
à des travaux.

Quand les bâtiments ne présentent pas la solidité désirable pour l'établissement de blindages, on en élève d'inclinés dans les fossés secs, contre les contrescarpes (*fig.* 207). Il faut que la base ait au moins 2 mètres, et que les poutres soient jointives et recouvertes d'un mètre de terre dans la partie supérieure. De distance en distance on laisse des ouvertures pour entrer et sortir.

Lorsqu'on craint pour les magasins à poudre, on en blinde les pieds-droits, la voûte et la porte.

On blinde les puits, les citernes, quand on n'a pas l'eau à discrétion.

On pratique dans l'épaisseur des remparts de petits magasins à poudre, pour les besoins des vingt-quatre heures. Ils sont en charpente et peuvent contenir 10 barils de 100 kil.

Des blindages sont construits dans le fossé du réduit et contre la demi-lune, pour recevoir les poudres nécessaires à sa défense.

Dans la défense des places, on peut faire un excellent usage des blindes pour abriter les pièces et les canonniers. La meilleure position des batteries blindées est au saillant des bastions. On peut en préparer les bois d'avance, les numéroter, pour n'avoir qu'à les monter au moment. Pour avoir les terres nécessaires à ces batteries blindées et aux traverses qu'on élève sur les remparts pour garantir les pièces, les ingénieurs modernes modifient le profil de la façon représentée figure 208, excepté celui du chemin couvert.

Il serait plus rationnel que ces traverses, dont beaucoup sont connues de position, fussent élevées en même temps que le parapet, pour éviter ces grands remuements de terre au moment d'un siége, alors qu'on a déjà tant à faire.

265. COMMUNICATIONS. Dès qu'une place est déclarée en état de guerre, on recoupe les talus, on répare les banquettes, les plongées, les embrasures, les barbettes, les rampes, les pas de souris. On vérifie tous les ponts-levis, les poternes, les ponts dormants.

S'il y a des ponts de bois, on met à portée le bois nécessaire pour les réparations pendant le siége.

S'il y a des fossés pleins d'eau, il faut s'assurer de bateaux et des agrès indispensables à leur manœuvre; faire construire des radeaux.

Les bateaux et les radeaux se retirent pendant le jour dans les fossés des fronts éloignés de l'attaque, ou derrière la tenaille du front attaqué et celles des fronts collatéraux.

266. HABITANTS. En cas de siége, l'autorité militaire est absolue. Le commandant fait sortir les bouches inutiles, les étrangers et les gens notés par la police civile ou militaire.

Il ne faut garder dans la place que les habitants qui ont assez de vivres pour exister jusqu'à la fin du siége. Ils sont tenus d'avoir devant leurs portes des baquets pleins d'eau. On organise dans chaque quartier des compagnies de pompiers pris dans la bourgeoisie; elles sont munies d'échelles de toutes grandeurs, de pioches, de pompes à incendie, de seaux et de cordes. Des patrouilles de pompiers circulent toujours, et d'autres sont en observation dans toutes les rues, pour suivre la chute des projectiles incendiaires.

La garde nationale fait en partie le service intérieur de la place.

267. Tout étant préparé, le commandant de place doit être décidé à résister jusqu'à la dernière extrémité, et ne pas oublier que la capitulation, dans une place de guerre assiégée et bloquée, n'est permise que si les vivres et les munitions sont épuisés, après avoir été ménagés convenablement ; si la garnison a soutenu *au moins* un assaut à l'enceinte sans pouvoir en soutenir un second ; et si le gouverneur a satisfait à toutes les obligations. Nous ne croyons pas que la défense doive s'arrêter après un ou deux assauts soutenus au corps de place : nous pensons qu'elle doit être à outrance. Deville a écrit qu'un gouverneur ne doit capituler qu'avec le consentement de son gouvernement.

Nous ne sommes pas de ceux qui pensent que les habitants paisibles ne doivent pas concourir à la défense des places ; nous prétendons, au contraire, qu'ils ne peuvent pas rester indifférents aux disputes des Etats qui dénationalisent les provinces.

Un exemple à suivre dans la défense des places, est celui de la défense de Saragosse par les Espagnols, qui rappelle celles de Sagonte et de Numance.

ATTAQUE.

268. Investissement. Quand le siége d'une place a été résolu dans le cabinet, il faut en garder le secret pour éviter que l'ennemi ne jette dans cette ville des troupes et un chef capables de la bien défendre. On réunit dans des magasins, à portée de cette place, les objets nécessaires au siége, de sorte qu'en quelques marches tout puisse y arriver par des routes différentes. On s'occupe alors de l'*investissement* de la place, opération qui consiste à la cerner et à couper ainsi ses communications avec l'extérieur. Pour y parvenir avec certitude on emploie 3 à 4,000 hommes de cavalerie. Ils se rendent à marche forcée à 3 ou 4 kil. de la place, où ils se séparent de manière à l'envelopper.

Toute communication étant interdite, ils enlèvent tout ce qui peut servir à la défense de la place; font des prisonniers s'ils le peuvent, afin d'avoir des renseignements, et refoulent sur la ville toutes les bouches inutiles qui voudraient en sortir. Ces troupes s'avancent avec ensemble vers la place jusqu'à la grande portée du canon (1500 mètres), où elles se tiendront ordinairement de jour. La nuit, elles viendront à portée de fusil de la place, et la resserreront de manière à ne pas laisser le moindre passage inoccupé, et à former ainsi un cordon. Ces troupes tournent le dos à la place, et on dispose des postes en avant et en arrière pour éviter les surprises.

Au jour, on se retire aux emplacements qu'on a

occupés la veille, en ayant soin de tout observer, et de bien étudier le terrain afin de pouvoir fournir des renseignements sur les localités. On attend ainsi l'armée de siége.

A son arrivée, le général en chef la répartit provisoirement dans des camps ; ensuite, accompagné des principaux officiers d'artillerie et du génie chargés des opérations du siége, il fait le tour de la place, pour la reconnaître, étudier le terrain et rectifier en conséquence la position des camps.

Jadis on enveloppait et la place et les camps par une ligne *continue* dite de *circonvallation* qui faisait face à la campagne et avait pour but de résister aux attaques de l'armée de secours, ou aux partis qui auraient voulu se jeter dans la place. A 600 mètres de cette première ligne, et du côté de la place, on en construisait une seconde, dite de *contrevallation*, et destinée à agir contre les assiégés. Entre ces deux lignes on établissait les camps, les parcs, les magasins, etc.

La fameuse affaire des lignes de Turin, en 1706, suffit pour ridiculiser ce système. On se rappelle que le prince Eugène de Savoie, à la tête 40,000 hommes, força une armée française de 70,000 hommes bien retranchée, et la mit en complète déroute. Cependant, tout en blâmant ces lignes continues, il ne faut pas négliger de fortifier, par des ouvrages détachés, les communications par lesquelles les secours ou les sorties de la place pourraient se présenter.

Quand une rivière sépare les différents corps de

l'armée assiégeante, on y jette au moins trois ponts pour les réunir. On les défend par une double tête de pont.

Reconnaissance générale de la place.

269. Pendant qu'on travaille au camp et aux ouvrages détachés, on fait la *reconnaissance générale* de la place. On s'aide des cartes et plans qu'on s'est procurés, et des renseignements que donnent les maçons, les charpentiers, tailleurs de pierre, terrassiers, éclusiers, bateliers, etc., qui ont travaillé dans la place. La reconnaissance de *jour* permet de bien apprécier les mouvements du terrain, le nombre des bastions, des demi-lunes, des ouvrages avancés, des chemins couverts, et fait connaître les chemins à tenir pour les attaques. On complète ceci par une reconnaissance de *nuit ;* on s'avance bien accompagné, et le matin, en se retirant peu à peu avec le jour, on découvre très bien ce que l'on désire voir. Il faut remarquer si les chaussées sont enfilées ; si les fossés des champs peuvent être utilisés ; si le terrain est propre aux tranchées ; si les glacis sont roides et défendus, en un mot, tout ce qui peut intéresser l'attaque.

En même temps que la reconnaissance de la place se fait, des officiers du génie en lèvent le plan ; c'est-à-dire, qu'après avoir entouré la place d'un polygone, ils rattachent à ses côtés, comme bases, les points principaux, qui peuvent aider à figurer les fortifications. Ce lever servira de *plan directeur*, et on y indiquera jour par jour ce qui aura été fait sur le terrain, et le projet des attaques des vingt-quatre heures.

270. Point d'attaque. Le plan est soumis au général qui réunit son conseil de guerre, et, d'accord avec les officiers supérieurs du génie et de l'artillerie, décide du *point d'attaque*. Ce point arrêté, on relève avec plus de soin les saillants des ouvrages qu'on doit embrasser dans l'attaque ; on détermine les *prolongements* des *faces* dans la campagne ; la position des *dépôts de tranchée* à 1500^m des ouvrages ; et l'emplacement de la première parallèle qui doit être à 600^m des saillants des chemins couverts.

Déterminer le prolongement des faces d'un ouvrage.

271. On choisit le moment où l'une des deux faces est éclairée et l'autre dans l'ombre. On s'approche de l'une d'elles de manière à la bien reconnaître, puis on marche jusqu'à ce qu'on soit dans le prolongement de l'autre ; on indique ce point par un piquet. Il est alors facile de se prolonger sur cet alignement et d'y planter autant de piquets qu'on veut.

Déterminer la capitale d'un ouvrage.

272. En pratique, cette opération n'a pas besoin d'être rigoureuse : il suffit d'aligner le saillant de l'ouvrage qu'on attaque sur celui de son chemin couvert, et de placer un piquet sur cette droite prolongée.

On peut, pour plus d'exactitude, se servir d'une *boussole*. On cherche les angles que font les prolongements des faces avec la ligne nord-sud ; de ces angles on déduit celui que fait la capitale avec la même ligne (1) ; puis l'on cherche, par quelques stations sur la parallèle, un point où la *boussole* marquant cet angle, son alidade se trouve dirigée sur le saillant de l'ouvrage.

Avec un *équerre d'arpenteur*, on détermine facilement la capitale d'un ouvrage. Soient (*fig.* 209) GD et HB les faces prolongées : menez-leur deux perpendiculaires par un point P ; l'angle BPX=BSD=GSH; la droite zP, qui divise en deux BPX, sera perpendiculaire à la capitale SC. Prolongeant zP, on aura facilement le point C ; d'où la perpendiculaire élevée à Pc devra passer par le point S.

Mesurer la distance de la première parallèle au chemin couvert (fig. 210).

273. On mène Bd perpendiculaire à la capitale SB; on divise Bd en 4, 5 ou 6 parties ; à l'extrémité d, on élève la perpendiculaire de, et on se prolonge sur elle jusqu'à ce que la droite Sc vienne la rencontrer en e.

---

(1) Si l'on représente par a et b les angles formés par les faces d'un saillant avec la ligne *nord-sud*, par C celui de la capitale avec cette même ligne ; on aura la valeur de ce dernier dans l'équation $C = \frac{a-b}{2}$, lorsque la ligne nord-sud menée par le saillant laisse une des faces à sa droite et l'autre à sa gauche. Si, au contraire, les deux faces d'un ouvrage tombent d'un même côté de la ligne nord-sud, l'équation devient $C = \frac{a+b}{2}$.

Dans ces deux triangles semblables, il est clair que si *cd* est le quart de B*c*, *de* doit être le quart de B*s*. Or, il est facile de mesurer *de* et d'en conclure BS.

La distance BS étant connue, on la modifiera de manière à avoir un point à 600^m du saillant.

274. Dépôts de tranchée. Les *dépôts de tranchée* sont établis à proximité du front d'attaque et à 1500^m environ de la place, dans des lieux couverts des vues directes de l'assiégé. Quelquefois on les abrite par un épaulement de 2^m,50 sur 100^m de développement. On y réunit tous les outils dont les travailleurs peuvent avoir besoin. À l'arrivée au camp, on commande 2000 à 3000 fascines par bataillon et 1000 à 1500 par escadron, suivant les besoins supposés; ces objets sont transportés aux dépôts de tranchée, où ils sont reçus après examen de leur bonne confection. Lorsqu'ils doivent être payés, ils le sont à la pièce ou à la journée, d'après les prix déterminés par le général, sur la proposition des commandants d'artillerie et du génie.

C'est aussi du côté du front d'attaque qu'on établit un petit hôpital, où les blessés doivent trouver tous les secours de l'art. Ils y sont transportés sur des brancards disposés à cet effet sur les revers des tranchées.

Pendant tous ces préliminaires, l'artillerie prépare son parc, range ses bombes, ses boulets, ses poudres, les pièces sur leurs affûts, les plates-formes, les outils, etc. Indépendamment de celui-ci, qu'on nomme le *grand parc*, on en organise un *petit* à portée des tranchées, où l'on trouve tout ce dont on peut avoir besoin dans un moment pressé.

Ouverture de la tranchée.

275. Il est commandé dans les régiments d'infanterie des *travailleurs* de tranchée et des *gardes* de tranchée; ces dernières sont avec armes, et les premiers n'emportent que le fusil et la giberne, qu'ils déposent pendant le travail. Le service des travailleurs de tranchée est de douze heures; leur nombre est égal au développement de la première parallèle divisé par $1^m,30$. On les relève à six heures du soir et à six heures du matin. Le service des gardes est de vingt-quatre heures; elles sont relevées à midi. Leur nombre doit être égal aux trois quarts de l'effectif de la garnison, et la cavalerie le double de celle de la place; elle occupe ordinairement les ailes. Par ce moyen, il y aura à chaque aile une garde de cavalerie égale à celle de la garnison.

Si à ces troupes on ajoute les gardes journalières du camp, on aura un certain nombre qui, multiplié par 5, et mieux par 6, suivant le nombre de nuits de repos qu'on veut donner aux troupes, produira le *minimum* d'une armée assiégeante. Tout bien considéré, cette armée est sensiblement dix fois plus forte que l'armée assiégée.

Une ville de guerre présente un polygone plus ou moins régulier; parallèlement à ce polygone, et à 600^m des saillants du chemin couvert des demi-lunes, on mène une *tranchée* dite *première parallèle*, et qui, par son développement, doit embrasser le prolongement des faces de tous les ouvrages qui ont vue sur les travaux d'attaque. La première parallèle a l'avantage de cerner et d'embrasser la partie qu'on veut attaquer; de lier les premières opérations du siége; de protéger les travaux qu'on va pousser en avant; de recevoir sur le revers de la tranchée les matériaux nécessaires à leur exécution; de couvrir les gardes de la tranchée et de les avoir sous la main. On l'ouvre à 600^m de la place, parce qu'à cette distance le bruit des outils ne peut pas être entendu de l'assiégé, le tir à boulet devient incertain, et qu'on est au delà de la portée de la mitraille. C'est au siége de Maestricht, en 1673, que pour la première fois Vauban s'en servit. La première parallèle ayant été tracée par les officiers du génie, on *ouvre la tranchée* de nuit et de la manière suivante :

Dans l'après-dîner on réunit les gardes et les travailleurs aux dépôts de tranchée. Les travailleurs reçoivent une pelle, une pioche et une fascine de 1^m,30 de longueur sur 0^m,15 de diamètre, dite *fascine à tracer*, et deux piquets. On donne aux sous-officiers une baguette de 1^m de longueur, sur laquelle est une coche à 0^m,30 d'une des extrémités.

A la nuit tombante, ces troupes partent en petites colonnes; les grenadiers en tête, puis les bataillons de garde et les travailleurs. Les grenadiers se portent à 70 ou 80 pas en avant de l'emplacement de la première parallèle, se couchent et détachent des sentinelles pour surveiller le côté de la place; à 30 ou 40 pas en arrière on établit les bataillons de garde, et la ligne des travailleurs vient ensuite. Par cette disposition, les grenadiers, soutenus de près, ne sont pas forcés et le travail n'est pas interrompu. Pour éviter toute méprise, on fait connaître aux travailleurs quelles sont les troupes qui les couvrent.

Quelquefois les grenadiers seuls se placent en avant de la première parallèle et les bataillons de garde derrière. Ce procédé a l'inconvénient d'obliger ces bataillons à passer sur le travail de la tranchée et de déranger les travailleurs pour se porter au secours des grenadiers.

Les travailleurs, sur deux rangs, arrivent à la première parallèle; les deux hommes de la tête s'arrêtent, la file de gauche, portant une fascine sous le bras droit, fait par file à gauche et se forme sur la droite par file en bataille; la file de droite, avec une fascine sous le bras gauche, fait par file à droite et se forme sur la gauche par file en bataille.

Un officier du génie dirige la pose des fascines, effectuée par deux sergents de sapeurs du génie. Il est recommandé à chaque homme de se coucher derrière sa fascine aussitôt qu'elle est placée et d'attendre le commandement de *haut le bras* pour travailler.

Quand toutes les fascines sont rangées, les officiers du génie vérifient la pose, la rectifient, s'il y a lieu, et au commandement de *haut le bras*, fait par l'officier du génie qui dirige l'*ouverture de la tranchée*, les hommes commencent à piocher, à creuser un fossé et à former un parapet aux dimensions de la figure 211. C'est le profil que doit avoir la première parallèle après la première nuit. Les grenadiers et les bataillons rentrent alors dans la tranchée et les communications en arrière ; ils s'asseoient sur le revers de la tranchée.

276. **A six heures du matin, les travailleurs sont** remplacés par d'autres qui élargissent cette tranchée, conformément au deuxième profil (*fig.* 212).

Le troisième profil (*fig.* 213) est disposé pour permettre aux gardes de monter sur la banquette, afin de faire le coup de feu. Les gradins sont revêtus en fascines de $2^m,00$ de largeur sur $0^m.22$ de diamètre, maintenues à l'inclinaison au $\frac{1}{4}$ par des piquets. C'est le travail de la seconde nuit.

Pour que les gardes puissent aisément franchir le parapet et repousser les sorties, on dispose à 100^m à droite et à gauche de chaque capitale, des gradins dans l'épaisseur du parapet, comme l'indique la figure 214.

Aux extrémités de la première parallèle, on élève deux redoutes, pour soutenir les ailes. Voir la figure 215.

Pour bien suivre la marche des attaques sur le plan (*fig.* 215), on a inscrit à côté des tranchées le numéro des nuits pendant lesquelles les travaux ont été exécutés.

277. **Les communications en zigzags sont dits** *boyaux de tranchée.* Inventées en 1520, elles ont été employées par les Turcs contre Vienne, en 1529, et contre Malte en 1565. On les dirige en zigzags pour éviter l'enfilade. Vauban recommande, dans la pratique, de les diriger en terrain horizontal ou à peu près, à 20 ou 30^m en dehors des saillants qui peuvent le mieux les dominer ou les enfiler.

Défilement des boyaux de tranchée.

278. La figure 216 représente le profil d'un *boyau de tranchée* servant de communication. L'homme le moins couvert est celui qui longe le pied du revers de la tranchée. En lui supposant une taille de **1^m,90**, tout équipé, on voit que le coup de fusil *ab*, rasant la ligne de feu à **2^m,30** au-dessus du fond de la tranchée, et passant par le point *b*, à **1^m,90**, aura une inclinaison qui dépendra de la distance *bc* divisée par *c*F ; on trouve ici que le plan de défilement des tranchées doit être à $\frac{8}{1}$. Pour plus de généralité, nous le prendrons à $\frac{10}{1}$, ce qui défilera encore mieux les tranchées. En conséquence (*fig.* 217), soit un saillant A, coté 4^m au-dessus du sol, et un point *b*, par où doit passer la tranchée cotée 1^m,30, on aura le plan à $\frac{10}{1}$ qui passe par ces deux points, et en avant du saillant A, en décrivant des points A et *b* des arcs de cercle avec des rayons égaux à dix fois leurs cotes. La tangente (*o*) (*o*) sera la trace du plan cherché. Mais c'est l'horizontale 1^m,30 qu'on cherche ; en conséquence, si par le point *b* on mène une parallèle à la trace horizontale, on aura la direction du boyau de tranchée défilé. Ce qui revient, comme on voit, à prendre la différence des cotes des points A et *b*, de la décupler, et de décrire du saillant *dominant* un arc de cercle avec cette cote pour rayon ; la tangente à ce cercle, menée par le point *b*, donne la direction du *boyau de tranchée*.

Les boyaux *a, b, c* prolongés (*fig.* 215) doivent être tangents à la circonférence décrite du saillant S avec un rayon égal à dix fois la différence de cote.

Pour parcourir le moins d'espace inutilement et gagner du terrain en avant, on limite les boyaux entre deux droites déterminées par des points pris sur la première parallèle, à 70^m à droite et à gauche de la capitale, et à 25^m sur la troisième, également à droite et à gauche.

Les boyaux de tranchée sont prolongés de 10 à 12^m en *r, r', r''*, pour dégager les tournants. C'est aussi dans ces bouts de tranchée que les hommes vont satisfaire leurs besoins.

Deux boyaux consécutifs ne doivent pas faire un angle moindre de 30°.

279. DEUXIÈME PARALLÈLE. On s'avance de nuit, en zigzags, jusqu'à 280^m, où l'on ouvre la deuxième parallèle. Elle est ainsi plus à portée des assiégeants que des assiégés ; ceux-ci ayant à parcourir 320^m pour la venir trouver Elle jouit des mêmes propriétés que la première parallèle, resserre de plus en plus la place, et offre un abri aux troupes chargées de soutenir les travailleurs. Elle protége, à bout portant, les batteries à ricochet, qu'on construit ordinairement à 25^m en avant d'elle.

Cette seconde parallèle est à portée de mitraille de la place ; le canon pouvant la remuer avec efficacité, il est important de lui donner plus de solidité, aussi la trace-t-on à la *sape volante*. Dans cette opération, qui a aussi lieu de nuit, le travail s'exécute par les travailleurs d'infanterie, sur toute la ligne, comme pour la première parallèle ; mais au lieu d'employer des fascines, on se sert de *gabions*, espèces de paniers percés cylindriques, de 0^m,80 de hauteur sur 0^m,65 de diamètre (*fig.* 218). Chaque travailleur en reçoit un au dépôt de tranchée. Le nombre des travailleurs est égal au développement de la tranchée, divisé ici par 0^m,65. Les officiers du génie, aidés des sergents de sapeurs, rangent les gabions les piquets en l'air, et les alignent sur l'intérieur de la parallèle.

Les hommes n'ayant que 0^m,65 de développement à enlever, sont promptement à couvert ; ils remplissent d'abord le gabion et jettent le surplus par-dessus pour épaissir le parapet. Leur tâche terminée, le profil au jour est celui de la figure 219.

Les travailleurs de jour couronnent les gabions de fascines et l'élargissent aux dimensions du profil 220. Ces fascines ont 2^m,00 de longueur sur 0^m,22 de diamètre.

Cette parallèle subit des modifications pour être appropriée à la mousqueterie : elle a alors la forme indiquée 221.

Sur la droite et la gauche des boyaux de communication, on dispose en gradins des portions de la deuxième parallèle, afin de pouvoir franchir le parapet et tomber sur les sorties. Cette parallèle devient alors semblable au profil 222.

280. Cette parallèle tracée, on détermine la position des *batteries à ricochet*. La première pièce doit enfiler la ligne de feu de l'ouvrage et les autres pièces battre le terre-plein. Toute batterie doit pouvoir tirer trente-six heures après qu'elle a été commencée.

En arrière, on construit de petits magasins à poudre, à raison d'un pour deux ou trois pièces. Ils sont eng abions, recouverts de saucissons, et peuvent recevoir 2 ou 3 barils de 100 kilog. Ils ont ordinairement $2^m,50$ sur 3^m de longueur; cet espace est suffisant pour qu'on puisse y préparer les charges.

La figure 215 représente la disposition des batteries à ricochet en avant de la deuxième parallèle; elles sont armées au minimum de trois ou quatre pièces de 24, tirant contre les ouvrages revêtus; de deux de 16, enfilant les chemins couverts; et de trois ou quatre mortiers, destinés à retourner les terre-pleins et à détruire les communications.

Les propriétés des batteries à ricochet sont de démonter les pièces qui voient les travaux d'attaque; de chasser l'ennemi des ouvrages et des chemins couverts; de ricocher les flancs qui peuvent s'opposer aux passages des fossés; de pouvoir être utiles toute la durée du siége et de consommer moins de poudre. Cette manière de tirer est de l'invention de Vauban, qui l'employa pour la première fois au siége de Philisbourg, en 1688.

Les bombes imaginées par Valturius, en 1580, ont été employées pour la première fois au siége de Vachtendock, en 1588.

281. Le cheminement continue à la sape volante sur les capitales des demi-lunes. Un nouveau cheminement est ouvert sur la capitale du bastion d'attaque. On a soin de se bien défiler.

Les gardes occupent alors la deuxième parallèle, et les réserves la première ; de cette façon les communications sont libres.

On doit marcher ainsi jusqu'à la troisième parallèle, qui s'établit sur le pied du glacis, à 60ᵐ au plus des saillants du chemin couvert.

282. Quand la garnison est forte et entreprenante, il est bon de diviser cet espace en deux, par des bouts de parallèle dits *demi-places d'armes*. Leur destination est de recevoir les détachements qui doivent soutenir de plus près les travailleurs ; on les arrête aux prolongements du chemin couvert. L'extrémité de chaque demi-place d'armes est armée de deux ou trois obusiers, pour ricocher le chemin couvert.

Les demi-places d'armes sont de l'invention de Montluc, qui s'en servit en 1558, au siége de Thionville, pour soutenir la tranchée.

283. Troisième parallèle. La troisième parallèle est établie sur le pied du glacis des demi-lunes, à 60ᵐ des saillants du chemin couvert. La proximité de la place oblige à se bien couvrir, aussi emploie-t-on un procédé qui, s'il est moins expéditif que la *sape volante*, est plus sûr et plus prudent ; nous voulons parler de la *sape pleine*.

Sape pleine (fig. 223, 224).

284. La sape pleine est exécutée par une brigade de *huit* sapeurs du génie. La sape en marche est représentée figure 223. Le premier sapeur est sur l'emplacement n° 1 ; le deuxième sapeur sur l'emplacement n° 2 ; le troisième sur le n° 3 ; le quatrième sur le n° 4. Puis suivent le 1er servant, le 2e, le 3e et le 4e.

Voici comment on procède à la sape pleine. Le premier sapeur travaille à genoux ; il creuse une forme de 0m,50 de profondeur sur 0m,50 de largeur à la surface du sol, indiquée en points (*fig.* 223) n° 1 ; il a soin de laisser une berme de 0m,30 et de conserver un talus au quart du côté des gabions, tandis que du côté opposé il s'enfonce verticalement. La tête de la sape est couverte par un *gabion farci* de 2m,30 de largeur sur 1m,30 de diamètre. Le vide triangulaire formé par le gabion farci, le premeir gabion et le sol, est masqué par un *fagot de sape* de 0m,80 de hauteur sur 0m,22 de diamètre, traversé d'un piquet qui sert à le ficher en terre ; ou par un ou deux *sacs à terre.* Le sac à terre, plein de terre, a 0m,50 de hauteur sur 0m,22 de diamètre.

Quand le premier sapeur a rempli un gabion, il le couronne de deux petites fascines de 0m,65 de longueur sur 0m,22 de diamètre, et dites *fascines de couronnement provisoire.* Ensuite les sapeurs, aidés du premier servant, poussent en avant le gabion farci de 0m,65, quantité nécessaire pour placer un second gabion. Le joint des deux gabions est masqué par un fagot de sape. Lorsque le premier sapeur a placé deux ou trois gabions, le sapeur, n° 2, entre en sape et prend la tête de la sape. Il travaille sur l'emplacement n° 2, pose un gabion qu'il remplit de terre, le couronne de fascines comme a fait le premier; puis un second gabion, etc. Le sapeur n° 1, au moment où le deuxième sapeur entre en sape, revient sur ses pas, pour reprendre son travail au point de départ, s'enfoncer de $0^m,17$ et élargir d'autant sa tranchée; ce second travail est indiqué en éléments.

Lorsque le sapeur n° 2 a placé ses trois gabions comme le premier, un sapeur n° 3 prend la tête. Le deuxième et le premier reviennent sur leurs pas au point de départ, élargissent leurs formes de $0^m,17$ et s'enfoncent d'autant. Ce troisième travail est indiqué en points. Le sapeur n° 3 creuse sa petite tranchée comme ont fait successivement les deux premiers. Enfin, le troisième sapeur ayant posé ses gabions, un quatrième prend la tête. A ce moment les trois premiers reculent; reprennent leur tâche au point de départ, l'élargissent de $0^m,17$ et l'approfondissent d'autant.

Le sapeur n° 1 n'a besoin, en dernier lieu, que d'enlever $0^m,16$ de terre pour atteindre la profondeur de 1^m que doit avoir la sape terminée. Ce sapeur devient alors quatrième servant.

Les brigades travaillent ainsi huit heures.

Les deux premiers sapeurs sont armés d'une cuirasse et d'un pot-en-tête. On compte de 15 à 18 minutes pour la pose d'un gabion, ce qui donnerait une moyenne de 84ᵐ de travail en vingt-quatre heures : si la sape pouvait marcher de jour sans interruption.

Les quatre autres sapeurs sont les servants des quatre premiers ; ils ont les nᵒˢ 1, 2, 3 et 4. Le premier servant suit le sapeur nᵒ 1, le deuxième suit le premier, ainsi de suite ; le premier servant prendra la tête de la sape lorsque le sapeur nᵒ 4 aura fait sa première petite tranchée. Un instant avant de se rendre à la tête, il revêt la cuirasse et le pot-en-tête.

Quand le premier servant a fait sa première petite tranchée, le deuxième servant prend la tête de la sape ; puis vient le tour du troisième, et ainsi de suite.

Les servants sont chargés de pourvoir aux besoins des quatre premiers sapeurs. Ils leur passent les gabions, les fagots de sape, les sacs à terre, les fascines de couronnement provisoire, les outils nécessaires pour le travail et le maniement du gabion, etc. Ils enlèvent aussi les petites fascines pour les remplacer par 3 grandes de 2ᵐ,00 de longueur sur 0ᵐ,22 de diamètre. Cette tranchée devient le profil *fig.* 225. Elle est alors livrée aux travailleurs d'infanterie, qui lui donnent 3 mètres de largeur au fond, et en disposent la moitié au moins en gradins pour le franchissement de la troisième parallèle ; lorsque la garnison est entreprenante, on la dispose en gradins sur tout le développement, et on lui donne 6ᵐ de largeur au fond pour recevoir des forces suffisantes. Cette disposition est surtout nécessaire lorsqu'on a l'intention d'enlever de *vive force* le chemin couvert.

18

Les boyaux en avant de la deuxième parallèle sont quelquefois exécutés à la sape pleine.

La sape est dite *demi-pleine* lorsqu'on peut se dispenser de l'emploi du gabion farci.

285. BATTERIES. En avant de la troisième parallèle, on établit des batteries d'obusiers pour battre les faces du front d'attaque, et ricocher les demi-lunes. Des batteries de mortiers et de pierriers sont disposées à l'effet d'écraser le chemin couvert, les demi-lunes, les places d'armes rentrantes et le bastion d'attaque.

286. PORTION CIRCULAIRE (*fig.* 215). On débouche circulairement de la troisième parallèle aux points d, e, par deux sapes pleines, distantes entre elles de 60 à 80^m. Ces sapes convergent l'une vers l'autre de façon à se rencontrer en i à 15 à 20^m de la troisième parallèle. Il faut remarquer que cette tranchée circulaire n'est possible qu'autant qu'on opère sur le glacis, dont le plan prolongé laisse au-dessous de lui les ouvrages collatéraux, et, par conséquent, défile parfaitement les sapes.

A partir du point i, on marche debout sur la place par une *sape pleine double*. Cette sape n'est autre chose que la réunion de deux sapes pleines marchant côte à côte, *fig.* 226, 227. La distance qui sépare les deux rangées de gabions est de 4^m. Les sapes achevées, il reste entre elles un massif de terre de 1^m,40 que les travailleurs d'infanterie enlèvent. Cette communication terminée a 2^m,90 de largeur au fond. Le joint des deux gabions farcis est garni d'un sac à terre ou deux. Cette sape (*fig.* 228), est arrêtée au moment où les gabions farcis n'interceptent plus le rayon visuel mené du point X à 2^m au-dessus du fond de la tranchée au saillant de l'ouvrage sur lequel on s'avance. On construit en cet endroit une traverse de 5 à 6^m d'épaisseur et de 12^m de longueur. A cet effet, une sape pleine *simple* marche à droite, une autre à gauche, parallèlement à la place ; lorsqu'elles ont marché suffisamment pour donner 12^m de longueur à la traverse, et les 4^m de largeur pour chacune des sapes qui doivent marcher debout, les gabions sont arrêtés. Alors, aux points N,N' reprennent deux sapes *doubles* qui s'avancent de 5 à 6^m, suivant l'épaisseur de la traverse, plus de 4^m pour faciliter le retour sur la capitale vers le point Z. En n, n' les gabions farcis sont arrêtés; de ces points vers Z partent deux sapes pleines *simples*. Lorsqu'elles sont encore à 4 mètres l'une de l'autre, chaque sape fait tourner son gabion pour reprendre la direction primitive sur la capitale de l'ouvrage attaqué. Une seule traverse est ordinairement suffisante ; on peut même s'en dispenser quelquefois. Ces traverses ne sont nécessaires que lorsque les glacis sont grands.

Les portions de tranchée de M en N et en N', et de n et n' en Z, sont faites à la sape pleine mais simple. Ce n'est qu'après qu'elles sont élargies à $2^m,90$ au fond comme les sapes doubles.

287. T, Cavaliers de tranchée. A 30^m du saillant du chemin couvert la sape double s'arrête. A droite et à gauche on ouvre une sape pleine, qui décrit un arc de cercle, dont le saillant du chemin couvert est le centre, jusqu'à la rencontre du prolongement des

lignes de feu de ce chemin couvert. Ces portions circulaires sont dites le T. Là, les sapes se dirigent perpendiculairement à ces prolongements pendant 10 à 12 mètres, dimension que doivent avoir les *cavaliers de tranchée*. Un épaulement en retour garantit les cavaliers de l'enfilade.

Les cavaliers de tranchée sont des gabionnades qu'on élève sur le glacis pour plonger, enfiler le chemin couvert, et en chasser les défenseurs. La hauteur des cavaliers doit être telle qu'on puisse apercevoir le défilé de la première traverse à 1^m au-dessus du sol. On rompt ainsi les communications entre les places d'armes rentrantes et les places d'armes saillantes. Ils sont à 30 mètres du saillant du chemin couvert pour éviter les *grenades à main* de l'assiégé. Les cavaliers de tranchée ont été employés, pour la première fois, par Vauban, au siége de Luxembourg, en 1684 ; les Turcs en avaient fait usage au siége de Vienne, en 1683.

Il y a deux espèces de cavaliers : les cavaliers à la *sape volante*, et les cavaliers à la *sape pleine*.

288. CAVALIERS A LA SAPE VOLANTE (*fig.* 229). Lorsque la défense se ralentit un peu, on en profite pour élever le cavalier à la *sape volante*. La première tranchée étant faite à la sape *pleine*, et le feu se ralentissant, on commande 15 à 18 hommes, munis de gabions qu'ils posent sous la direction d'un officier du génie, sur l'emplacement indiqué par le gabion, n° 2, à $1^m,10$ du bord intérieur du premier gabion, pour permettre l'établissement de deux gradins ; ces gabions

sont couronnés de deux grandes fascines. Lorsque trois rangées de gabions sont suffisantes pour plonger le chemin couvert, les fascines qui couronnent la deuxième rangée servent de banquette, et la troisième rangée de gabions est placée de manière à laisser une banquette de $0^m,60$ de largeur. Ces derniers gabions sont couronnés de trois rangs de fascines surmontées de sacs à terre disposés en créneaux. La figure 235 représente le plan d'un de ces créneaux.

A mesure que le cavalier s'élève, on rejette des terres du côté de la place, puis on forme des gradins de $0^m,50$ de hauteur avec un talus de $0^m,10$, en commençant à $1^m,25$ du pied du talus intérieur de la sape.

289. CAVALIER A LA SAPE PLEINE (*fig.* 230). Lorsque la défense est vigoureuse, il importe de ne pas se découvrir. Aussi, après la première tranchée, à la *sape pleine*, on place dans le fond de la tranchée une seconde ligne de gabions à la *sape volante*. Cette deuxième rangée, couronnée de deux fascines, est à $0^m,10$ du talus intérieur de la sape. Ce vide est rempli de terre et de fascines jusqu'à la hauteur du sol, pour recevoir une troisième rangée de gabions à la *sape volante*. Chaque rang de gabions est toujours couronné de deux fascines.

La quatrième rangée se place à la *sape pleine*. A cet effet, un sapeur, couvert de la cuirasse et du pot-en-tête, enlève le gabion avec une fourche, et le place sur les gabions n° 1 et n° 3, portant également sur les deux. Il pose de la sorte toute la ligne de gabions n° 4.

La cinquième rangée de gabions est posée à la *sape*

volante ; la sixième de même, et la septième à la sape pleine comme la quatrième rangée. Le dernier gabion est couronné de 3 fascines qu'on surmonte de sacs à terre disposés en créneaux (*fig.* 235).

A 3^m,05 du gabion n° **2**, on commence des gradins de 0^m,50, revêtus de fascines formant un talus de 0^m,10.

290. Dès que les cavaliers sont achevés, des grenadiers les occupent et tiraillent continuellement contre le chemin couvert. Des fusiliers chargent les armes et les leur passent sans interruption pour que le feu soit bien nourri. Ces grenadiers, en tirant sans cesse sur les défilés des traverses, interceptent les communications; ce qui oblige l'assiégé d'abandonner les places d'armes saillantes. Pendant que ce feu a lieu, on débouche des extrémités du **T** par deux sapes doubles qui marchent sur le saillant du chemin couvert.

Couronnement du chemin couvert pied à pied.

291. Les sapes parvenues à 4 ou 6 mètres au plus de la ligne de feu du chemin couvert en exécutent le couronnement. En conséquence, chacune d'elles longe une branche en y ménageant les traverses nécessaires pour y être défilée. Le couronnement se pousse ainsi de part et d'autre jusqu'à la *deuxième* traverse. Cette partie est ensuite élargie à 8 mètres par les travailleurs d'infanterie, puis livrée à l'artillerie qui élève d'autres traverses pour mieux couvrir ses pièces, établit des plates-formes et ouvre des embrasures. En 36 heures, ces batteries doivent être en état d'ouvrir le feu. Quand la sape est inquiétée par les défenseurs, on fait sortir quelques grenadiers qui les fusillent à bout portant et se hâtent de rentrer dans la sape.

Attaque de vive force du chemin couvert.

292. Lorsque les cavaliers de tranchée et les batteries de mortiers de la troisième parallèle n'ont pu parvenir à chasser les défenseurs du chemin couvert, on se décide à une attaque de vive force. Cette opération est ordinairement très meurtrière, surtout pour les assiégeants, aussi est-il très important de bien prendre ses mesures, d'agir avec sang-froid et de bien instruire chacun de ce qu'il a à faire.

Quand l'attaque doit être générale, on commande *deux* compagnies de grenadiers, par saillant à attaquer, et *trois* par place d'armes rentrante ; chaque compagnie de grenadiers est soutenue d'une compagnie de réserve. Chaque détachement est suivi de 200 travailleurs munis chacun d'un gabion, d'une pelle et d'une pioche, et accompagné d'une centaine d'hommes portant des fascines.

Ces troupes sont réunies dans la *troisième* parallèle devant la partie qu'elles doivent attaquer, les travailleurs sont derrière.

Un quart d'heure avant la nuit close, et à un signal convenu, les troupes s'élancent sur le point qu'elles doivent forcer, fusillent à bout portant tout ce qu'elles rencontrent. Pendant que ces troupes chassent les défenseurs, les travailleurs s'avancent guidés par les officiers du génie ; ceux-ci établissent les logements sur les saillants du chemin couvert, en débordant de 6 à 8 mètres les premières traverses, et commençant par le point le plus près du rentrant. A mesure que le tracé avance ; on place un travailleur pour deux gabions, et il lui est recommandé de se couvrir le plus promptement possible. Le couronnement tracé, les grenadiers et les réserves se retirent derrière les travailleurs, se couchent sur le ventre pour éviter le feu, et attendent ainsi. On rattache ce couronnement à la troisième parallèle par une double gabionnade.

Au jour les travailleurs sont relevés, et au lieu de 300 hommes, 150 par saillant suffisent. Les gardes rentrent dans la tranchée.

Ces sortes d'action coûtent beaucoup de monde : aussi faut-il de fortes raisons pour les entreprendre. Vauban et Cormontaingne recommandent de s'en tenir à la sape lorsqu'on en a le temps, dût-on y employer trois ou quatre jours de plus.

Batteries de brèche, contre-batteries.

293. La partie du couronnement du chemin couvert de la demi-lune opposée au bastion d'attaque, est terminée par une espèce de demi-place d'armes **H** (*fig.* 231). Du côté du bastion d'attaque on pousse le couronnement de 15 à 20 mètres seulement pour y placer un fort piquet, et l'on attend, pour pousser plus loin, que les demi-lunes aient été prises, et que les mortiers et les pierriers aient chassé les assiégés des places d'armes rentrantes, et de la place d'armes saillante du chemin couvert du bastion.

Quand le feu des demi-lunes n'est pas vif, on couronne la place d'armes saillante du bastion avant la prise des demi-lunes, et on y établit des batteries destinées à éteindre les batteries des flancs de la place, et dénommées *contre-batteries*. On prolonge ce couronnement de manière à établir des *batteries de brèche* contre la face du bastion.

La batterie de brèche de la demi-lune est figurée au profil (*fig*. 232). La première application de l'ouverture d'une brèche par le canon fut faite contre Saint-Malo en 1378. Pour que la brèche soit praticable, il faut battre au tiers de la hauteur du revêtement par en bas. On coupe d'abord le revêtement par un sillon horizontal, et ensuite par des sillons verticaux jusqu'au cordon ; puis on tire par salve pour ébranler chaque portion de maçonnerie comprise entre deux sillons verticaux. Le canon est un moyen expéditif qui permet d'ouvrir une brèche en 12 heures.

Quand la batterie ne peut pas voir assez bas, et qu'il est à craindre que la brèche ne soit pas praticable, on place les batteries de brèche sur le terreplein même du chemin couvert (*fig*. 238).

Descente de fossé (fig. 232).

294. Pendant que l'artillerie s'occupe de la construction et de l'armement des batteries de brèche, le génie entreprend la descente du fossé. On l'incline de $\frac{4}{1}$ à $\frac{6}{1}$ suivant la nature des terres et la profondeur

du fossé. Cette profondeur a été mesurée par un sous-officier qui est entré de nuit dans le chemin couvert après que le couronnement en a été effectué. Pour connaître le point de départ **M**, on fait le profil du fossé, celui du chemin-couvert et du glacis ; et, par le point **P** pris intérieurement au revêtement et à un mètre au-dessous du fond du fossé, on mène la droite **PM**, inclinée de $\frac{4}{1}$ à $\frac{6}{1}$. Puis on mène **NM** à $1^m,50$ parallèlement au glacis, et sa rencontre avec **MP** donne le point **M**, commencement de la descente.

La hauteur de la descente doit avoir $2^m,00$. La droite **RX** est arrêtée à $1^m,20$ au-dessous du glacis, et détermine la longueur de la descente *souterraine* qu'on construit au moyen de châssis, comme il a été dit pour le passage sous la traverse dans le défilement (*fig.* 72).

A partir du point **X** jusqu'en **M**, la descente est dite *blindée*. On la construit au moyen d'assemblages de bois nommés blindes (*fig.* 239). On les dispose suivant la figure **237**, de manière à enfoncer la première pointe jusqu'à ce que la traverse horizontale porte sur le sol par une de ses extrémités. La seconde blinde est à une distance variable de la première et qui dépend de l'inclinaison de la descente puisqu'elles doivent être réunies par une troisième blinde placée sur elles de façon à renfermer les 4 pointes **XX'** dans l'intérieur du rectangle qui n'a que $0^m,76$ de largeur. Une poutrelle **T**, fixée aux deux premières blindes, maintient l'écartement de l'entrée, comme une autre **D** assure l'écartement de deux mètres à l'extrémité. Les traverses **RR'** de la blinde supérieure empêchent les blindes de se rapprocher et les contiennent à une distance de deux mètres.

La figure 241 donne la coupe de la descente blindée par le plan EF. On compte ordinairement deux blindes par mètre courant de descente. Dans l'angle formé par la blinde et le talus AB, on introduit des fascines de $1^m,50$ de longueur sur $0^m,20$ de diamètre, pour empêcher les blindes de vaciller. La partie supérieure du blindage est couverte de fascines de $2^m,50$ de longueur sur $0^m,20$ de diamètre, sur lesquelles on étend de la terre et des peaux de bœuf.

La descente souterraine n'avance que de 4^m en 24 heures. Si la descente est inclinée à $\frac{4}{1}$, on voit qu'on ne s'enfoncera que d'un mètre en 24 heures. Par conséquent, si le point M est à 7 mètres au-dessus de l'horizontale PK, il faudra 7 jours pour parvenir au fond du fossé. Le point P a été pris à un mètre au-dessous du fond du fossé, pour qu'on puisse entrer immédiatement en sape.

Quelquefois, la descente part du couronnement même du chemin couvert en D (*fig.* 231), passe sous la première traverse, va droit à la contrescarpe, tourne à droite ou à gauche suivant le côté où est la brèche, et descend en longeant la contrescarpe jusqu'à un mètre au-dessous du fond du fossé. On entame alors la contrescarpe et l'on attend la nuit pour renverser les dernières pierres et déboucher dans le fossé.

Pendant qu'on entame la contrescarpe, on pratique une galerie de 20 mètres que l'on perce de créneaux, d'où l'on tire sans cesse sur le haut de la brèche.

295. DESCENTE A CIEL OUVERT. Une descente à ciel ouvert n'est autre chose qu'une tranchée profonde pratiquée pour se rendre dans un fossé de peu de profondeur. La difficulté de les défiler en rend l'emploi peu fréquent.

Passage d'un fossé sec (fig. 232).

296. Le passage d'un fossé sec est une tranchée à la sape pleine simple, allant du débouché de la descente à la brèche, et dont l'épaulement est placé du côté de la place. Cette sape est élargie à 5 mètres, pour qu'on puisse s'y rassembler sur 6 de front.

Quand le feu est très vif, on construit quelquefois l'épaulement en sacs à terre et en fascines.

Passage d'un fossé plein d'eau (fig. 236).

297. Quand on a un fossé plein d'eau à franchir, la descente doit déboucher à $0^m,40$ au-dessus du niveau de l'eau (*fig. 234*). Le plus sûr moyen pour franchir le fossé, est de construire une digue de 8 mètres de largeur à la partie supérieure, en comblant le fossé avec des fascines chargées de pierres et de sacs à terre. Une digue qui aurait 8 mètres de largeur supérieure, 12 à la base et 2 de hauteur demanderait 250 fascines par mètre de longueur de digue. Un tel travail n'avance que d'un mètre en deux heures, ou 12 mètres en 24 heures.

On construit un épaulement au moyen de deux rangs de gabions couronnés de plusieurs rangées de fascines.

Quand on craint des chasses d'eau, il faut ménager des ouvertures au moyen de buses triangulaires formées de trois madriers, et qu'on dispose perpendiculairement à la direction de la digue.

La digue est recouverte de terre pour éviter l'incendie.

Brèche par la mine (fig. 240).

298. Quand les fossés sont étroits et profonds, il n'est pas toujours possible de battre en brèche par le canon ; on emploie alors la *mine*, et l'on est obligé d'attendre que la descente soit terminée ; ce qui retarde de quelques jours la prise de l'ouvrage. C'est au siége de Sérézanella, en 1487, qu'un ingénieur génois en fit la première application. Il faut au moins trois jours et au plus quatre, pour établir et creuser une mine. Vauban recommande de faire AD égal à la moitié de la hauteur du revêtement, et de faire BD un peu plus long, pour que l'explosion du fourneau B se fasse un instant après et puisse ainsi bien retourner les terres de la rampe.

Assaut. Nid-de-pie.

299. Avant de régler le dispositif de l'assaut à la demi-lune, il faut :

1° Que le passage du fossé, s'il est sec, soit achevé ;

2° Que la digue d'un fossé plein d'eau soit solidement construite ;

3° Que l'épaulement soit assez épais et assez haut pour garantir des plongées ;

4° Que la rampe de la brèche soit facile à gravir ;

5° Que le parapet au haut de la brèche soit entiè-rement détruit ;

6° Savoir s'il y a ou non des coupures et si l'on pourra les tourner en filant le long du parapet ;

7° Savoir s'il y a un réduit dans la demi-lune, et de quelle nature ;

8° Remarquer si l'ennemi tient bien et paraît vouloir résister ;

9° Enfin, supposer que l'ennemi aura 150 hommes dans la demi-lune et 50 dans le réduit.

Toutes ces considérations étant satisfaites, il faut attaquer avec le double de troupes. D'après cela, on commandera 4 compagnies de grenadiers et trois détachements de 50 travailleurs ; chaque détachement est dirigé par un officier du génie aidé de deux sapeurs.

La veille de l'attaque et jusqu'au moment de l'assaut, toutes les batteries convergent leurs feux sur l'ouvrage à attaquer. Le lendemain, un peu avant la nuit, on conduit deux compagnies de grenadiers dans la tranchée au passage de droite P′ (*fig.* 231), et les deux autres au passage de gauche P, où on les range sur 6 de hauteur. Derrière les grenadiers viennent les travailleurs ayant chacun, une pelle, une pioche et un gabion ; une dizaine d'hommes dans chaque détachement ne portent que des fascines. Chacun, officier et soldat, doit être bien instruit de ce qu'il a à faire.

A un signal convenu, les batteries cessent le feu, les grenadiers s'élancent et gravissent la rampe. La première compagnie de chaque colonne fond à la bayonnette sur l'ennemi qu'elle refoule à une quarantaine de mètres et tient tête un quart d'heure. Les deux autres compagnies de grenadiers se sont arrêtées sur le terre-plein de l'ouvrage d'où elles peuvent facilement secourir celles qui agissent. Les travailleurs ont suivi les grenadiers. Le premier détachement a construit le logement dit *nid-de-pie ;* en laissant à droite et à gauche un passage pour la retraite des grenadiers ; le second fait la communication de droite sur la brèche, et le troisième celle de gauche. Aussitôt que le nid-de-pie est commencé, les grenadiers se retirent, une partie derrière les travailleurs, une autre dans la tranchée du passage du fossé, pour soutenir les travailleurs.

300. Quand la demi-lune a un réduit, on pousse une sape dans l'épaisseur du parapet, et de là sur le terre-plein où l'on établit des batteries de brèche comme l'indiquent les figures 231, 238. Ces batteries sont armées de canons de 16, seul calibre facile à transporter jusque-là. On s'occupe en même temps de la descente de fossé, et l'on donne l'assaut au réduit dont on couronne le sommet de la brèche par un logement.

Aussitôt après la prise de la demi-lune, on pousse activement le couronnement du chemin couvert du bastion, s'il n'est déjà fait ; et l'on établit les *contre-batteries,* les *batteries de brèche* du bastion et les descentes de fossé.

On doit remarquer que la prise de la demi-lune a forcé l'assiégé d'abandonner les réduits de places d'armes rentrantes qui seraient plongés et pris à revers par l'assiégeant. Ceci permet d'entreprendre la tranchée **Z** (*fig.* 215), qui doit réunir les deux couronnements.

Attaque des brèches pied à pied.

301. Quand l'ennemi a abandonné la demi-lune, ou du moins qu'il n'y a laissé que quelques hommes pour tirailler sur l'assiégeant du haut de la brèche, on attaque alors *pied à pied.* A cet effet, la sape du fossé est continuée sur la brèche. Trois ou quatre heures avant la nuit, on envoie quelques sapeurs s'établir dans les brèches, en s'appuyant aux parties du revêtement restées debout. A la nuit, on dirige un officier et 15 hommes sur chaque brèche, avec ordre de la franchir et de tomber sur l'ennemi. Pendant ce temps, un officier du génie construit le *nid-de-pie,* et un autre les communications. Les grenadiers rentrent aussitôt dans le logement, et se tiennent prêts à fondre sur l'ennemi s'il est nécessaire.

On active les communications en zigzags du fossé de la demi-lune ; et l'on n'entreprend le passage du fossé du corps de place, que lorsque les descentes du chemin couvert du bastion sont terminées. Ces passages achevés, on songe à donner l'assaut au corps de place.

Quand les fossés sont pleins d'eau, les tranchées en zigzags du fossé de la demi-lune ne sont pas praticables ; on arrive alors au bastion par les deux descentes qui partent du couronnement du chemin couvert du bastion.

Assaut au corps de place.

302. Toutes les précautions étant prises comme pour l'assaut à la demi-lune, on s'empare du bastion e tde son retranchement intérieur par les procédés développés pour la prise de la demi-lune. Il faut recommander aux hommes de ne pas s'abandonner à la poursuite de l'assiégé jusque dans la ville, de crainte de se compromettre. On doit s'étendre peu à peu sur les remparts, et gagner les portes voisines pour les ouvrir à de nouvelles colonnes.

Lorsqu'on donne l'assaut au corps de place, toute l'armée est sous les armes, elle resserre la place le plus possible, et prend toutes les précautions pour empêcher la garnison de s'évader, de se jeter dans une place voisine, ou de faire sa jonction avec l'armée qui tient la campagne.

Quelque praticable que paraisse la brèche, quelque ruinés que soient les ouvrages en arrière, il faut toujours que les têtes de colonnes, avant de marcher à l'assaut, soient munies d'un certain nombre d'échelles, afin de surmonter plus facilement les obstacles.

Le général commandant le siége désigne des compagnies d'élite exclusivement destinées, dès l'entrée des troupes dans la place, à protéger les propriétés et les personnes, à empêcher le pillage et la violence. Les officiers font tous leurs efforts pour contenir leurs troupes.

Le général désigne les lieux qui doivent être plus particulièrement protégés : au nombre de ces lieux, sont les églises, les temples et les maisons religicuses, les hôpitaux et hospices, les colléges et pensionnats, l'hôtel de ville, les magasins militaires et civils. L'ordre doit rappeler en outre que les infracteurs sont traduits devant les tribunaux militaires, et jugés comme voleurs à main armée.

Soit que la place ait été prise d'assaut, soit qu'elle ait capitulé, les approvisionnements de bouche et de guerre, ainsi que les caisses publiques, sont réservés pour le service de l'armée ; ils sont recueillis par les officiers de l'artillerie et du génie, par les intendants militaires et par les payeurs. (Voir le service en campagne du 3 mai 1832.)

303. Le siége d'une petite place a un *minimum* de durée appréciable de tous les militaires à 48 heures près, c'est celui que nous avons représenté à l'attaque d'un hexagone (*fig.*215). Mais, quant au *maximum*, il varie, d'après une infinité de considérations, au nombre desquelles il ne faut pas oublier : 1° la nature de la guerre que l'on fait ; 2° le caractère du général qui commande la place ; 3° l'espèce de troupes qu'il a sous ses ordres ; 4° l'esprit de la population, etc.

Le *minimum* croît cependant avec le nombre des côtés du polygone, à cause de l'ouverture de l'angle flanqué. Cormontaingne démontre que celui d'un décagone est de 33 jours, et qu'on n'y couronne le chemin couvert que la dix-septième nuit (1).

———

(1) Cormontaingne prouve que la force du bastion est de 19 ou 20 jours au carré, 27 à l'hexagone, 33 au décagone.

304. On lira avec intérêt les maximes suivantes posées par Vauban dans son *Attaque des places* :

1. Etre toujours bien informé de la force des garnisons avant que de déterminer les attaques.

2. Attaquer toujours par le plus faible des places, et jamais par le plus fort ; à moins que l'on n'y soit contraint par des raisons supérieures, qui, comparées aux particulières, font que ce qui est le plus fort dans les cas ordinaires, se trouve le plus faible dans les cas extraordinaires : ce qui se prend des lieux, des temps et des saisons que les places sont attaquées, et des différentes situations où l'on se trouve.

3. Ne point ouvrir la tranchée, que les lignes (ouvrages détachés) ne soient bien avancées, et les munitions et matériaux nécessaires en place, prêts et à portée ; car il ne faut pas languir pour ce manquement, mais avoir toujours les choses nécessaires sous la main.

4. Embrasser toujours le front des attaques, afin d'avoir l'espace nécessaire aux batteries et places d'armes.

5. Faire toujours trois grandes lignes parallèles aux places d'armes, les bien situer et établir, leur donnant toute l'étendue nécessaire.

6. Les attaques liées sont préférables à toutes les autres.

7. Employer la sape dès que la tranchée deviendra dangereuse, et ne jamais faire à découvert, ni par force, ce que l'on peut faire par industrie ; parce que l'industrie agit toujours sûrement, et que par la force

19.

on ne réussit pas toujours et on hasarde pour l'ordinaire beaucoup.

8. Ne jamais attaquer par des lieux serrés et étroits, ni par des marais, encore moins par des chaussées, quand on le peut par des lieux secs et spacieux.

9. Ne jamais attaquer par des angles rentrants, qui puissent donner lieu à l'ennemi d'envelopper ou croiser sur la tête des attaques; parce qu'au lieu d'embrasser, il se trouverait par la suite que la tranchée serait enveloppée.

10. Ne point embarrasser la tranchée de troupes, ni de travailleurs, ni de matériaux, mais ranger les uns et les autres dans les places d'armes de la droite et de la gauche, et laisser les chemins libres pour le service du travail et pour les allants et venants.

11. Le moyen le plus sûr de bien réussir à un siége, est d'avoir une armée d'observation.

12. Ne jamais porter un ouvrage en avant près l'ennemi, que celui qui le doit soutenir ne soit en état de le faire avantageusement.

13. Que les batteries plongeantes, appelées ricochets, soient toujours situées sur les enfilades et revers des pièces attaquées, et non autrement.

14. Employer les batteries à ricochets et les cavaliers à la prise du chemin couvert, par préférence aux attaques forcées, dans tous les endroits où il y aura possibilité de le faire.

15. Observer la même maxime d'attaquer pour tous les dehors, et même pour le corps de place.

16. Ne jamais tirer aux bâtiments de la place, parce que c'est perdre du temps et consommer des munitions mal à propos, pour des choses qui ne contribuent en rien à sa reddition, et dont les réparations coûtent toujours beaucoup après la prise.

17. La précipitation dans les siéges ne hâte point la prise des places, la recule souvent, et ensanglante toujours la scène : témoin Barcelonne, Landau, etc.

18. La saison la moins propre à l'attaque des places est l'hiver, parce que c'est celle des mauvais temps et des grands froids, qui font beaucoup souffrir les troupes.

19. Attaquer les places entourées de marais dans le temps le plus sec de l'année; parce que, vraisemblablement, on y sera moins incommodé des eaux.

20. Aux places régulières il faut des attaques régulières ; mais aux places irrégulières il faut attaquer comme l'on peut, sans toutefois s'éloigner de l'observation des règles que le moins qu'il est possible.

21. Aux places où il y a château et citadelle, il faut, autant que l'on pourra, attaquer par la citadelle, si d'autres raisons ne prévalent, comme il arrive souvent; parce que la citadelle prise, la ville suit nécessairement : au lieu qu'en attaquant la ville la première, on a deux siéges à faire pour un.

22. Ne jamais s'écarter, ni s'éloigner de l'observation des règles, sous prétexte qu'une place n'est pas bonne, de peur de donner lieu à une mauvaise de se défendre comme une bonne.

23. Les attaques par des lieux serrés sont toujours difficiles et sujettes à de grands inconvénients, parce qu'on ne peut pas toujours observer les règles.

24. Toutes fortifications réglées par les maîtres de l'art, ont toujours quelque chose de régulier ou de fort approchant, à moins que la situation n'y répugne tout à fait. Il en doit être ainsi de la conduite des attaques bien entendues.

25. Les pays de marais, qu'on ne peut épuiser ni écouler, ne sont propres à l'attaque des places qu'autant que la faiblesse de leurs fortifications et de leurs garnisons s'y accordent, et que les digues par où on les peut aborder donnent moyen, par leur largeur et hauteur, de conduire une tranchée tout le long, avec les retours nécessaires, sans être contraint de s'enfiler, et qu'il se trouve quelque terrain sec à côté, plus élevé que la superficie du marais, pour y pouvoir utilement établir des batteries de toute espèce, qui suppléent en partie aux conditions requises dans les cas ordinaires.

26. Attaquer de jour, quand la tranchée a tellement pris ses avantages, qu'il n'y a plus d'endroit dans tout le front attaqué qui soit exempt de la supériorité du canon, des bombes, des pierres et de la mousqueterie; et attaquer de nuit, quand une grande partie de ces endroits ne sont pas dans le cas précédent.

27. Tout siége de quelque importance demande un homme d'expérience, de tête et de caractère, qui ait la principale disposition des attaques, sous l'autorité du général; que cet homme dirige la tranchée et tout ce qui en dépend ; place les batteries de toute espèce et montre aux officiers d'artillerie ce qu'ils ont à faire, à quoi ceux-ci doivent obéir ponctuellement, sans y ajouter ni retrancher.

28. Par la même raison, ce directeur des attaques doit commander aux ingénieurs, mineurs, sapeurs et à tout ce qui a rapport aux attaques, dont il est comptable au général seul : car quand il y a plusieurs têtes à qui il faut rendre compte, il est impossible que la confusion ne s'y mette ; après quoi tout, ou la plus grande partie, va de travers, au grand désavantage du siége et des troupes.

29. Enfin, ne jamais s'éloigner de l'observation de ces maximes, parce qu'on ne le saurait faire sans manquer dans une seule ou dans l'autre, et souvent dans toutes à la fois.

DÉFENSE DES PLACES.

305. Dès qu'on s'attend à voir l'ennemi investir la place, les canonniers sont à leurs pièces, et on canonne tous les groupes curieux qui semblent observer la place. On redouble de surveillance ; on place des gardes dans les ouvrages avancés s'il y en a ; le chemin couvert est garni de troupes à raison de 30 hommes par saillant et 60 par rentrant, le tout commandé par un colonel, un lieutenant-colonel et un major de jour. Ces troupes détachent des petits postes de 10 hommes qui se portent à 300 pas du chemin couvert, s'y couchent sur le ventre, observent, et donnent avis de ce qui peut intéresser la sûreté de la place.

Le corps de place est bien gardé par un cordon de sentinelles espacées de 50 à 60 mètres. Les demi-lunes et autres ouvrages intérieurs au chemin couvert n'ont besoin que d'un poste de 10 hommes pour la police, et encore peut-on s'en passer.

306. Aussitôt que la tranchée est ouverte, on tire à ricochets de jour et de nuit; ce procédé, recommandé par Cormontaingne, a l'avantage : 1° de présenter plus de chances de rencontrer l'ennemi par des bonds rasants que par un tir de plein fouet ; 2° de ne pas inquiéter les troupes du chemin couvert ; 3° d'épargner les munitions ; 4° de ménager les pièces et les affûts.

Le tir de plein fouet n'est bon à employer que contre des parties de tranchée inachevées et où l'on voit remuer des terres, et contre des boyaux mal défilés. En principe, on règle de jour la portée des pièces qui doivent agir la nuit principalement sur les zigzags.

307. Dès que la tranchée est ouverte, on fait passer presque toute l'artillerie sur les fronts adjacents au bastion d'attaque.

L'artillerie, portée au grand maximum, est répartie de la manière suivante (*fig.*215) :

EMPLACEMENT.	PIÈCES DE CANON.				OBUSIERS.	MORTIERS.	PIERRIERS.
	24	16	12	8			
Bastion 3 . . . { face droite.	»	3	»	»	»	»	»
Bastion 3 . . . { face gauche.	»	3	»	»	»	»	»
Bastion 3 . . . { terre-plein.	»	»	»	»	»	2	»
Bastion 2 . . . { face gauche.	4	»	»	»	»	»	»
Bastion 2 . . . { terre-plein.	»	»	»	»	»	2	»
Bastion 4 . . . { face droite.	4	»	»	»	»	»	»
Bastion 4 . . . { terre-plein.	»	»	»	»	»	2	»
Bastion 5 . . :	»	»	»	1	»	»	»
Bastion 6	»	»	»	1	»	»	»
Bastion 1	»	»	»	1	»	»	»
Demi-lune 8 . . { face gauche.	»	1	2	»	»	»	»
Demi-lune 8 . . { face droite.	»	»	1	»	»	»	»
Demi-lune 8 . . { terre-plein.	»	»	»	»	»	1	»
Demi-lune 9 . . { face droite.	»	1	2	»	»	»	»
Demi-lune 9 . . { face gauche.	»	»	1	»	»	»	»
Demi-lune 9 . . { terre-plein.	»	»	»	»	»	1	»
Demi-lune 7, face gauche.	»	»	»	2	»	»	»
Demi-lune 10, face droite.	»	»	»	2	»	»	»
Place d'arme saillante du bastion 2. . .	»	»	»	»	2	»	»
Idem. . . . . du bastion 3. . .	»	»	»	»	2	»	»
Idem. . . . . du bastion 4. . .	»	»	»	»	2	»	»
Idem. . . . . de la demi-lune 8.	»	»	»	»	3	»	»
Idem. . . . . de la demi-lune 9.	»	»	»	»	3	»	»
Idem. . . . . de la demi-lune 7	»	»	»	1	»	»	»
Idem. . . . . de la demi-lune 10.	»	»	»	1	»	»	»
Une pièce à chaque saillant des demi-lunes 11, 12..	»	»	2	»	»	»	»
En réserve.	»	»	»	»	»	»	10
Totaux	8	8	8	9	12	8	10

Toute l'artillerie qui voit les travaux d'attaque doit tirer à raison d'un coup par heure de jour et deux coups par heure de nuit. Elle agira ainsi jusqu'à la cinquième ou la sixième nuit, époque où l'ennemi pourra lui opposer le feu de ses batteries.

308. Le sixième de l'infanterie environ sera alors distribué dans le chemin couvert, ainsi qu'il suit :

A chaque saillant du chemin couvert des ouvrages attaqués,   40 hommes.

A chaque rentrant,   80

A chaque saillant collatéral,   20

A chaque rentrant,   40

Et dans les ouvrages en arrière du chemin couvert,   10

Lorsque le front sera attaqué par un seul bastion, comme nous l'avons supposé (*fig.* 215), on aura, pour les fronts qui ont vue sur les attaques, savoir :

Aux 5 saillants du chemin couvert, à 40 hommes,   200

Aux 4 rentrants, à 80,   320

Aux 2 saillants collatéraux, à 20,   40

Aux 2 rentrants, à 40,   80

Aux 3 bastions et aux deux demi-lunes, à 10,   50

Total,   690

Ces troupes sont sous les ordres d'un colonel, d'un lieutenant-colonel et d'un major de jour.

309. Le bastion et les demi-lunes d'attaque étant bien connus par la direction des boyaux de communication de la deuxième journée, on songe à approvisionner tous les dehors en poudre, boulets (1), mitraille, plates-formes, affûts de rechange, fascines,

---

(1) Pour calculer promptement le nombre de boulets contenus dans les parcs où ils sont rangés en piles, soit triangulaires, carrées ou oblongues, il faut se rappeler les formules suivantes : *Pile triangulaire.* Soit *n* le nombre des boulets contenus dans un

gabions, palissades, poutrelles, outils, brouettes, paniers, vivres, etc. Pour abriter les poudres et même les hommes, on pratique des souterrains dans le terre-plein des remparts, et l'on construit les blindages dont nous avons parlé, art. 264.

Batteries de contre-approche.

310. Les batteries dites de *contre-approche* s'établissent ordinairement, les premières nuits sur le glacis, de manière à enfiler les boyaux de communication. On réunit à cet effet une soixantaine de gabions dans le chemin couvert le plus près, et à la nuit on va construire un épaulement à la sape volante, avec un retour pour se couvrir des feux de flanc. Trois ou quatre pièces de 8 viennent se placer dans cette batterie, battant d'écharpe et enfilant les zigzags; on les soutient par quelques troupes. Après deux heures de canonnade vive, les pièces peuvent rentrer. Les cinq ou six premières nuits et tant que l'assiégeant n'a pas de batteries établies, on peut renouveler ces contre-approches en variant leur position.

311. Enfin, l'ennemi finira par armer ses batteries;

---

côté de la base, on aura : $N = \dfrac{n(n+1)(n+2)}{6}$. Pour la *pile carrée*, on a : $N = \dfrac{n(n+1)(2n+1)}{6}$. Et pour la pile *oblongue rectangulaire*, soit m, le nombre de boulets que contient l'arête supérieure, n le nombre des boulets contenus dans l'un des deux petits côtés de la base, on aura : $N = \dfrac{n(n+1)}{2} \times \dfrac{m + 2(m+n-1)}{3}$. $\dfrac{n(n+2)}{2}$ représente la surface de la petite face triangulaire.

à cette époque, on retirera au plus vite les pièces à barbettes pour les conduire sur les courtines aux embrasures biaises qu'on y a ouvertes d'avance. Les pièces des 3 bastions des fronts d'attaque seront placées dans des embrasures et couvertes de fortes traverses. S'il est possible de blinder ces batteries, il ne faudra pas y manquer; on peut s'en occuper dès le second jour. Les deux demi-lunes des fronts d'attaque doivent être traversées pour couvrir les pièces du ricochet dont elles auraient trop à souffrir.

Sorties.

312. Vauban n'est pas pour les sorties en dehors du chemin couvert; il prétend qu'elles ne font pas grand effet contre les attaques bien conduites; si l'on sort de loin, dit-il, on s'éloigne de ses avantages pour entrer dans ceux de l'ennemi, qui vous ramène toujours battant jusqu'à votre chemin couvert, et vous tue pour l'ordinaire beaucoup de monde. Que si l'on est près, on produit encore moins d'effet, parce que l'ennemi se rassemble bientôt et ne manque jamais de vous ramener avec perte. Or, dit-il, il n'est que trop certain qu'un homme perdu de la part des assiégés, égale ou surpasse la perte de six ou sept du côté des assiégeants. Ceci ne veut pas dire qu'il ne faille point faire des sorties, mais les faire avec circonspection et toujours par *surprise*, prenant bien son temps pour tomber brusquement sur l'ennemi, et se ménageant *beaucoup pour la retraite*, dont il faut, en toutes façons, s'assurer du mieux qu'on peut.

313. Lorsque l'assiégeant débouche de la seconde parallèle, on place à chaque saillant du chemin couvert 6 ou 8 bons tireurs occupés uniquement à tirer sur la tête des zigzags. Il en sera ainsi jusqu'à la prise du chemin couvert.

314. Quand l'ennemi débouche de la troisième parallèle, l'artillerie et la mousqueterie doivent l'écraser. L'artillerie de l'assiégeant n'osant plus fonctionner dans la crainte d'atteindre ses troupes, c'est le moment de réveiller un peu celle de la place.

A cette époque du siége, on peut entreprendre de *petites* sorties ; elles sont effectuées par 8 à 10 hommes déterminés, qui vont à bout portant fusiller les sapeurs des têtes de sape et rentrent ensuite dans le chemin couvert. Ces hommes décidés sont utiles pour retarder le couronnement du chemin couvert, inquiéter les descentes en y jetant des grenades et tirant quelques coups de fusil.

On établira des batteries de pierriers aux saillants du chemin couvert des deux demi-lunes et du bastion d'attaque.

Défense du chemin couvert.

315. Lorsque tout fait présumer une attaque générale du chemin couvert, il ne faut pas l'attendre pour la soutenir de pied ferme, puisqu'on est sûr d'y être emporté. Il vaut mieux, dit Vauban, prendre le parti de céder que de se hasarder à perdre une partie considérable de la garnison dans une action où l'on est certain d'être battu. Aussi, au lieu de remplir le chemin couvert de troupes et de se préparer à repousser la force par la force, son avis est-il que de bonne heure on affaiblisse peu à peu les gardes, quand la troisième parallèle est achevée et que tout fait pressentir une insulte générale du chemin couvert, en laissant, par exemple : 20 hommes et un lieutenant dans chacun des 5 saillants, un sergent et 10 hommes derrière chaque traverse, et deux compagnies et un commandant dans chaque place d'armes rentrante.

Ces troupes tiendront jusqu'à ce qu'elles aperçoivent l'ennemi franchir le parapet de la tranchée ; alors celles des saillants feront une décharge et se retireront derrière les premières traverses, chargeront et feront feu quand l'ennemi se sera approché de ces traverses, puis elles se retireront derrière les secondes pour recharger et faire feu ; ces troupes parviendront ainsi jusqu'aux places d'armes rentrantes où elles soutiendront le feu jusqu'à la dernière extrémité ; forcées dans ce retranchement, elles gagneront les demi-lunes.

Il est recommandé à ces troupes de se retirer après une première décharge, afin de ne pas masquer les feux d'artillerie et de mousqueterie de la place qui doivent écraser les assaillants, que rien ne garantit. Les deux demi-lunes, dans cette prévision d'une insulte générale, ont reçu 500 hommes chacune pour fusiller les assaillants ; il en est de même du bastion d'attaque et des faces des bastions 2 et 4, qui ont vue sur l'attaque.

Toute troupe qui tiraille doit être relevée d'heure en heure et au plus de deux en deux heures.

Quand l'ennemi a été canonné pendant deux heures, on peut effectuer une grande sortie sur les flancs de ce couronnement en même tenps qu'on cherche à reprendre le chemin couvert. Le but de cette sortie est de démolir, brûler et raser tout ce que l'ennemi a fait. Vauban conseille d'en être avare.

Quel que soit le résultat de cette sortie, il faut conserver le plus longtemps possible les réduits de places d'armes rentrantes ; c'est un point d'où l'on peut facilement inquiéter l'ennemi en lui faisant craindre des retours offensifs.

316. Si, au contraire, l'ennemi veut attaquer *pied à pied*, au moyen de sapes debout et des cavaliers de tranchée pour enfiler et plonger le chemin couvert, on le canonne des batteries biaises des faces des bastions. Les batteries de pierriers agiront à force, à raison de 30 coups par nuit et 50 par jour. La garde du chemin couvert sera obligée de se retirer dans les places d'armes rentrantes, et de ne laisser aux saillants que 4 ou 5 bons tireurs, couverts de paniers et de sacs à terre. Ces hommes tiendront encore vingt-quatre heures.

Dans le cas d'une attaque *pied à pied*, il ne faut pas songer aux sorties pour chasser l'ennemi du chemin couvert.

317. Quand l'ennemi a armé ses batteries de brèche de la demi-lune, on désarme cet ouvrage et on rentre l'artillerie dans le réduit. Tout ouvrage qu'on

abandonne doit être dégarni de tout ce qui peut être utile à l'ennemi.

318. Les descentes ayant débouché dans le fossé des demi-lunes, on réunira les sorties derrière les tenailles ; on tombera, par la droite et la gauche des demi-lunes, sur le passage du fossé, et on pourra culbuter les travaux de l'assiégeant, enlever ses gabions, prendre ses outils et lui tuer beaucoup de monde. C'est le commencement d'une chicane qui doit être le plus souvent à l'avantage de l'assiégé. Du haut de la demi-lune, on peut déjà inquiéter le passage en y jetant force grenades, bombes, fagots goudronnés et tout ce qui peut blesser ou tuer les assiégeants.

Si le fossé est plein d'eau, on renverse le pont de fascines par des chasses d'eau ; et si l'on peut tenir les fossés secs, l'on n'y fait arriver l'eau que lorsque l'ennemi est près d'achever son passage de fossé. Tout le travail de l'assiégeant est alors annulé, et il est obligé de recommencer et d'exécuter le passage d'un fossé plein d'eau.

Défense de la brèche de la demi-lune.

319. Lorsque l'ennemi débouche de la troisième parallèle, on s'occupe de creuser quelques fourneaux de mines au saillant de la demi-lune, sous l'emplacement des brèches de manière à pouvoir les faire sauter lorsque l'ennemi s'y sera logé. On en creusera également sous l'emplacement de la batterie de brèche du réduit de la demi-lune, pour la faire sauter.

Vauban recommande aussi d'en préparer d'autres qu'il appelle *volantes*. Ce sont des caissons de bois dur, longs de 1^m,50 à 2^m,00, capables de contenir 150 à 200 kil. de poudre chacun, goudronnés et posés au bas de chaque brèche dès qu'on verra les batteries de brèche disposées à battre le revêtement, en sorte qu'on ne puisse pas douter du lieu où l'on veut l'ouvrir. On les arrange au pied du mur et l'on y applique les augets de manière à y mettre le feu de derrière la tenaille. On recouvre le tout de quelques bois et fascines, et on laisse les décombres de la brèche s'amonceler dessus, sans les ôter, comme on le fait ordinairement ; ceci terminé, laisser faire la brèche, s'y présenter hardiment, la défendre, mais céder un peu pour attirer l'ennemi dans le haut, et attendre qu'il y ait du monde. On fait alors sauter les mines *volantes*, et on revient aussitôt sur l'ennemi pour achever de culbuter ce qui sera resté dans la brèche.

Vauban continue ainsi : Remarquer que l'effet des mines *volantes* doit précéder celui des autres qui ne se doit faire que quelques jours après ; c'est-à-dire quand l'ennemi se sera établi dans le pied des brèches, et qu'il aura pris de nouveaux établissements, soit par des aplanissements pour en rendre les montées plus faciles ; ou attacher des mineurs ; quand on aura bien reconnu ces dispositions, s'il y a des mineurs attachés, il ne faudra pas attendre qu'ils donnent feu à leur mine, mais les prévenir. Que s'il ne s'attache qu'à battre du canon pour agrandir les brèches, on pourra attendre jusqu'à ce qu'il donne l'assaut, et qu'il se porte dans le sommet des brèches, soit pour s'y loger, ou pour forcer et passer outre.

Les assiégés auront le moyen de faire suivre cela d'une quantité de pierres, grenades, bombes et de tout ce qui peut faire opposition à un assaut; de jeter dans les intervalles force branchages et épines en confusion, et sans être liées; les ruines tombant dessus feront un fascinage embrouillé, qui, joint à celui des arbres du rempart, auxquels on aura laissé les grosses branches de $0^m,80$ à 1^m de longueur, élaguées et bien pointues, feront un empêchement considérable à la montée. On y jettera des chausse-trapes, des madriers pleins de clous, retenus par des chaînes, des chevaux de frise, herses, etc.

On pourra encore, dit Vauban, user d'autres moyens, comme d'y rouler des chariots chargés de bois, fourrés de fascines goudronnées et bien allumées; des barils foudroyants pleins de bombes et de grenades; y faire tomber d'autres bombes par le moyen de quelque planche, coulisse ou petite bascule; des pots à feu, de plus des grenades et tous les autres moyens dont on se pourra aviser; pourvu qu'ils fassent du mal à l'ennemi, tout sera bon, et que tout soit exécuté par des gens fermes qui se présentent bien; d'une mousqueterie mêlée d'une grêle de grenades et de pierres, tout cela soutenu par deux ou trois réserves rangées derrière les traverses prochaines, avec le secours du canon de la place et de la tenaille.

L'assaillant finira par s'installer sur la demi-lune,

et y construire une batterie de brèche de 3 ou 4 pièces; ce qui ne se fera pas sans peine et sans y employer bien du temps. Si l'assiégé est bien préparé; il la fera sauter par l'effet d'une mine bien ménagée, et chargée à l'avance.

On défendra le réduit de la même manière, et les feux de la courtine écraseront le *nid de pie*.

Défense de la brèche du bastion.

320. Les débouchés des descentes dans le fossé du corps de place seront battus par les pièces des embrasures obliques des courtines, et par le feu des tenailles.

Pour la défense des brèches du bastion, on se conformera à ce qui a été dit pour la demi-lune; il faut avoir eu l'attention d'élever un retranchement si le bastion n'en a déjà, afin d'éviter d'être emporté d'assaut, et de pouvoir obtenir une capitulation honorable avant la perte de ce dernier rempart.

Lorsque l'ennemi donne l'assaut au corps de place, toutes les troupes sont sous les armes; les postes des portes et des poternes sont doublés et bien retranchés.

Le service en campagne dit :

Art. 216. Dans les cas graves, le commandant de la place consulte les commandants des troupes, les commandants de l'artillerie et du génie, l'intendant militaire, séparément ou en conseil de défense; mais, quels que soient les avis, il décide seul et d'après sa propre conviction.

Art. 217. Le commandant défend successivement

ses ouvrages et ses postes extérieurs, ses dehors, sa contrescarpe, son enceinte et ses derniers retranchements.

Il ne se contente pas de déblayer le pied des brèches, et de les mettre en état de défense par des abatis, des fougasses, des feux allumés; en un mot, par tous les moyens usités dans les siéges; il doit encore commencer de bonne heure, derrière les bastions ou les fronts d'attaque, les retranchements nécessaires pour soutenir au corps de place un ou plusieurs assauts; il emploie à ces retranchements les habitants; il y fait servir les édifices publics, les maisons particulières et les matériaux des bâtiments que les bombes ont ruinés.

Dans ces défenses successives, le commandant ménage la garnison, les munitions de guerre et les subsistances de manière :

1° Qu'il ait toujours pour la reprise de ses dehors, pour les assauts et spécialement pour l'assaut au corps de place, une réserve de troupes fraîches composée d'hommes choisis parmi les vieux soldats;

2° Qu'il lui reste des munitions et des subsistances en quantité suffisante pour soutenir vigoureusement les dernières attaques.

218. Les lois militaires condamnent à la peine capitale tout commandant qui livre sa place, sans avoir forcé l'assiégeant à passer par les travaux lents et successifs des siéges, et avant d'avoir repoussé au moins un assaut au corps de la place sur des brèches praticables.

Dans la capitulation, le commandant ne se sépare jamais de ses officiers ni de ses troupes ; il partage le sort de la garnison, après comme pendant le siége ; il ne s'occupe que d'améliorer la situation du soldat, des malades et des blessés, pour lesquels seuls il stipule les clauses d'exception et de faveur qu'il lui est possible d'obtenir.

Tout commandant qui a perdu une place est tenu de justifier sa conduite devant un conseil d'enquête.

DES PROPRIÉTÉS DES FRONTS DÈVELOPPÈS SUR UNE LIGNE DROITE (1).

321. L'objet que l'on se propose en fortifiant une place, est en général de la porter à un certain degré de force ou de défense, tout en visant à l'économie. On y parvient, en disposant un petit nombre d'ouvrages de façon qu'ils fassent l'effet d'un plus grand nombre, et ce problème trouve sa solution dans les *longs côtés*.

Soit (*fig.* 242) un côté de place de plusieurs fronts disposés sur une seule ligne droite, et qu'il soit question de pénétrer dans la place par le bastion du *centre* n° 1.

Sans détailler le travail de chaque nuit des attaques, il suffira d'en faire le sommaire avec les observations relatives.

Indépendamment du feu de mousqueterie des chemins couverts, qui défend les capitales où nous avons

---

(1) Résumé extrait de Fourcroy.

à cheminer, on doit avoir aussi quelque égard à celui de l'artillerie qui croise sur les tranchées ; en supposant ce feu conduit comme nous l'avons indiqué, il tourmenterait jour et nuit les tranchées beaucoup plus et avec plus de succès que celui de mousqueterie.

A la ligne droite, les deux bastions 2 et 18, et même les demi-lunes 6 et 9 des fronts collatéraux au bastion de l'attaque, croisent et de fort près, tous leurs feux sur la capitale du bastion 1 d'attaque, et même jusqu'auprès de la troisième parallèle. Ce très grand avantage, qui doit retarder les approches, ne peut se rencontrer que dans les cas des polygones fort ouverts, et a son *maximum* à la ligne droite.

Il ne se trouve devant les fronts en ligne droite, que 360 mètres de distance entre les capitales des demi-lunes, à quelque distance que l'on soit de la place ; au lieu qu'au décagone, la seconde parallèle occupe entre les capitales plus de 600 mètres de développement. Il arrive de là que contre la ligne droite, à peine avons-nous entre les capitales l'espace nécessaire à placer le canon indispensable contre les défenses ; en sorte qu'il est de toute nécessité de placer les gros mortiers en arrière de la parallèle, contre les bonnes règles ordinaires. A l'attaque du décagone, cette précaution ne serait prise que pour laisser à la parallèle son usage naturel de protéger les communications en avant ; mais il serait bon dans les deux cas de reculer les batteries de mortiers de 25 à 30 mètres de la parallèle ; sans quoi elles en interdiraient l'usage aux troupes, et seraient très vicieuses.

C'est une propriété bien remarquable de ces fronts en ligne droite, d'ôter à l'ennemi, maître de la plaine, l'espace nécessaire pour son artillerie : et on va le voir dans le même embarras pendant tout le cours du siége.

On ne peut pas non plus, en attaquant une ligne droite, prendre de ricochet ni sur les courtines, ni sur les faces du bastion d'attaque. Les prolongements de ces lignes tombent hors de portée, ou en dehors de l'attaque (1). On voit aussi par la fi-

---

(1) Les demi-lunes des fronts développés sur une ligne droite couvrent les prolongements des faces des bastions et les garantissent ainsi contre l'action des feux à ricochet. Les systèmes de Vauban et de Cormontaingne, appliqués aux lignes droites, ne présentent aucun inconvénient; mais il n'en est pas de même du front moderne à grandes demi-lunes. En effet, les ingénieurs de nos jours, en donnant à la demi-lune son maximum de saillie, n'ont eu en vue que de rendre les bastions plus forts, en les mettant dans des rentrants plus prononcés, et de prendre des revers sur les glacis des demi-lunes collatérales. Ces avantages ne sont point à dédaigner, mais en admettant le maximum de saillie, ils auraient dû recommander d'en éviter l'emploi lorsque le polygone est formé d'un grand nombre de côtés, et à plus forte raison lorsqu'il est en ligne droite, parce que ces grandes demi-lunes ont alors l'inconvénient de se contre-battre.

Ces dernières observations ont été très judicieusement mises à jour par M. le commandant Thiroux, dans le n° 6 du *Journal des Armes spéciales*, année 1847. Cet auteur est arrivé par le calcul à reconnaître que les grandes demi-lunes ne sont plus admissibles lorsque le polygone a plus de dix-huit côtés; *à fortiori*, sont-elles à rejeter pour les fronts en ligne droite.

gure **242**, qu'on est forcé de resserrer beaucoup les zigzags pour qu'ils ne soient pas enfilés.

On doit donc être persuadé que, toutes ces difficultés réunies contre les premières approches de la ligne droite, opéreraient déjà un retard de deux jours au moins à l'établissement de la troisième parallèle. Mais négligeons cette différence, que de grands efforts pourraient racheter dans un cas fort pressé. Supposons que la troisième parallèle soit perfectionnée le treizième jour.

Il pourrait paraître d'abord excessif d'étendre cette parallèle jusqu'à la capitale du bastion **3**, en retour du long côté de la ligne droite ; c'est-à-dire, de lui faire occuper tout l'espace en avant de ce long côté, dans le dessein de pénétrer par le seul bastion du centre **1** ; mais ici, 1° les revers seront bien importuns sur la crête du glacis, ils nous verront à dos. Il nous sera indispensable, par cette raison, d'occuper les saillants devant toutes les demi-lunes, logements qui seront très meurtriers. Il est donc essentiel de battre à l'avance, le plus que l'on pourra, les demi-lunes **6** et **9**, et les bastions qui en défendent les saillants.

2° Si nous voulions épargner une partie de cette longue parallèle, l'assiégé ne manquerait pas de faire sortir du petit canon sur les saillants des deux ailes, prendrait en flanc très aisément tous nos travaux, et nous forcerait bientôt à en revenir à ce rallongement.

Aux débouchés de la troisième parallèle, on n'emploie que la sape double. Or, la sape *double* ne peut pas cheminer jour et nuit comme la sape simple. Lorsque celle-ci n'a point encore acquis toute sa profondeur, ou sa hauteur de parapet, le sapeur peut, en se collant contre le parapet commencé, et en se couvrant du gabion farci, se garantir des vues qui ne l'inquiètent que sur un de ses flancs ; mais, dans le cas de la double sape, comme on est vu de front et des deux flancs, il faut que l'un des côtés de cette sape couvre l'autre, et que l'extrémité du boyau vers l'ennemi soit encore élevée suffisamment contre l'enfilade ; rien ne peut être à couvert dans ce boyau que quand ces trois épaulements sont finis. Personne ne peut donc y travailler de jour ; on ne connaît jusqu'à présent aucun moyen de couvrir le sapeur de trois côtés à la fois ; c'est beaucoup si ce travail de la double sape peut s'exécuter sur 18 à 20 mètres de longueur à chaque débouché en une nuit, et ceci va ralentir nécessairement l'attaque de la ligne droite.

Les revers sont ici directs, et ont lieu de très près, puisque nos premiers logements du chemin couvert ne sont qu'à 300 mètres des demi-lunes qui les voient presqu'à dos. Nous ne pourrons faire ici de cavaliers de tranchée, mais simplement des batteries d'obusiers à leur place. Ces mêmes revers ralentiront par conséquent la marche des sapes et des logements sur la palissade ; ne les supposons retardés que de 5 jours, et admettons que nous soyons parvenus à couronner les saillants du chemin couvert la vingt et unième nuit, au lieu de la dix-septième, et à nous loger sur les demi-lunes le trente-troisième jour au lieu du vingt-huitième.

Il ne se trouve ici d'espace devant le bastion que pour 12 pièces ; et le feu de ces pièces sera beaucoup trop oblique et trop faible contre les courtines et les flancs, pour entreprendre de les y diriger. Il sera donc entièrement destiné contre le bastion ; mais si l'on peut parvenir à achever cette batterie sous les feux réunis qui doivent en détruire le travail à chaque moment, on peut juger de son inutilité totale pour faciliter l'accès à la brèche. Les défenses du fossé de ce bastion, qui n'ont rien souffert jusqu'à présent, n'auront pas même contre elles une seule pièce en contre-batterie. Ainsi, la place aura conservé quarante pièces bien en ordre, et en état de tirer jusqu'à la fin du siége, sur le redoutable rentrant, auquel notre attaque est réduite entre les deux demi-lunes.

On ne peut pas douter, par cette raison, qu'il n'arrive plusieurs fois à nos boyaux et logements de chaque nuit dans ce rentrant, d'être rasés aussitôt qu'il sera jour, et que la défense de la place n'en soit prolongée d'autant. Cormontaingne estime à quarante-trois jours le *minimum* de la force absolue de ce bastion.

Il s'en faut beaucoup, en effet, que nous fassions valoir toutes les difficultés que la prudence devrait prévoir à cette attaque de la ligne droite. Rien ne serait plus hasardé, par exemple, que notre cheminement dans le fossé de la demi-lune ; le fossé du corps de place, sur lequel nos logements ne prennent ni commandement, ni découverte, doit contenir des troupes de la garnison, en colonnes, qui ne nous permettraient jamais de déboucher pour les assauts, tant aux demi-lunes qu'au bastion, sans livrer auparavant plusieurs combats désavantageux pour nous dans ce fossé; il vaudrait infiniment mieux, à cet égard, avoir à traverser un fossé plein d'eau, malgré ses autres avantages pour la place, qu'à surmonter toutes les chicanes possibles de ce fossé sec, etc. Tel est le premier avantage calculé de ces fronts développés en ligues droites, mais il n'est pas le seul.

Nous avons supposé (*fig.* 242) que le bastion 3, formant l'angle ou le retour de cette ligne droite, était dénué de toute addition d'ouvrages sur l'enceinte de la place : ce bastion est cependant très faible, puisque sous l'angle du carré nous n'évaluons guère sa force intrinsèque qu'à 19 ou 20 jours. Mais si nous avions ajouté sur cet angle seulement une contre-garde à la demi-lune 9, il ne nous aurait plus été possible de nous loger sur les demi-lunes 7 et 8, en supposant que le bastion 1 soit celui d'attaque, sans avoir pris la contre-garde sur chaque demi-lune collatérale; ce qui aurait retardé notre marche de 5 ou 6 jours, et éloigné de la place toutes nos parallèles. Si ce même angle de l'enceinte avait eu de plus des ouvrages extérieurs quelconques, tels que des lunettes, qui y seraient très nécessaires, il aurait alors fallu placer nos parallèles bien plus en arrière, et absolument nous emparer d'abord des lunettes ou pièces et contre-gardes ; après quoi, ce serait une conduite insensée de se jeter sur le bastion 1 par préférence à celui 3.

Le second avantage considérable des bastions de la ligne droite, est donc de devenir autant de rentrants inaccessibles aux tranchées, tant que l'assiégeant ne s'est pas rendu maître des ouvrages placés aux angles ou retours de l'enceinte, attendu que ces ouvrages croisent nécessairement leurs feux et revers, sur les accès de tous ces bastions.

Un troisième avantage des fronts en ligne droite consiste en ce que les 360 mètres d'intervalle, entre les capitales prolongées dans la campagne, ne peuvent admettre que 40 pièces de canon de l'assiégeant contre chaque front, tant pour les ricochets que pour battre les parapets.

Un long côté de 5 bastions en ligne droite, ne pouvant appartenir qu'à une place du premier rang, ou de 16 à 18 bastions pour le moins ; une telle place n'aurait pas moins de 220 à 230 pièces de canon pour sa défense, ce qui ferait au moins 150 pièces qui trouveraient place de reste à 50 pièces par front sur les 3 fronts intéressés à la défense, tandis que l'assiégeant ne pourrait y en opposer que 40.

On pourrait donc croire que c'est le cas d'attaquer le canon de l'assiégeant de *plein fouet*, puisque la supériorité de celui de la place doit probablement l'emporter, et mettre celui de l'assiégeant hors de combat. Mais l'ennemi, maître de la campagne, doit, s'il entend l'art des attaques, avoir amené ou fait

venir des pièces de rechange et des munitions, auxquelles il faudrait bien que la place cédât, après avoir
inutilement consommé toutes les siennes. D'ailleurs,
si l'ennemi reconnaît l'avantage de la place en ce
genre, le meilleur parti qu'il puisse prendre, est de
multiplier ses gros mortiers, pour les employer tous
contre les défenses, qu'il ne pourra jamais qu'effleu-
rer avec son canon ; la place ne pourra que très peu
de choses contre ces mortiers, etc.

De ces avantages évidents, dans la disposition des
fronts en ligne droite, il suit nécessairement qu'il
aurait été très utile de réduire les enceintes des
grandes et même des moyennes places, le plus en
longs côtés qu'il aurait été possible, au lieu de leur
donner tous les plis et replis auxquels on s'est ordinairement assujetti pour suivre exactement la forme
et les contours circulaires de la plupart des villes.
Dès que deux fronts, c'est-à-dire 3 bastions, peuvent
avoir leurs angles flanqués sur une même ligne droite,
ou très peu brisée, il est certain que celui du centre
peut être regardé comme inattaquable ; et plus on
peut se procurer de bastions inattaquables dans le
pourtour d'une enceinte, plus on diminue les soins et
les besoins de l'assiégé. Il n'aurait souvent fallu qu'un
peu d'imagination et fort peu de dépense de plus, pour
mettre par ce moyen, la plus grande partie d'une
enceinte en toute sûreté ; et en transportant sur les
saillants inévitables de cette enceinte, mais en petit
nombre, partie de la dépense qu'on a quelquefois
faite sans nécessité dans son pourtour , on aurait

eu, à beaucoup moins de frais, les mêmes places infiniment mieux arrangées pour la guerre.

FORTIFICATIONS DE PARIS.

322. Les considérations sur les fronts en ligne
droite nous amènent à parler des fortifications de
Paris, qui en sont une application.

L'enceinte continue est un corps de place, bastionné d'après le système de Cormontaingne, qui enveloppe Paris et tous ses grands faubourgs, tels que
Bercy, Saint-Mandé, Ménilmontant, Belleville, La
Villette, La Chapelle-Saint-Denis, Montmartre, les
Batignolles, Passy, Auteuil, Grenelle, Vaugirard et
Montrouge; elle comprend quatre-vingt-quatorze bastions, et se développe suivant de longues lignes droites.
L'escarpe est de 10 mètres; la contrescarpe qui n'est
pas revêtue est inclinée de $\frac{1}{2}$ à $\frac{1}{1}$, et précédée d'un
glacis. Tous les dehors, tels que chemins couverts,
réduits, demi-lunes et réduits ont été supprimés.
Malgré cela, cette enceinte dont les fronts sont en
ligne droite, doit rendre l'usage du ricochet impossible, restreindre les attaques, en déborder continuellement les ailes, et obliger de faire usage de la
sape double dès la deuxième parallèle. Il est même
douteux que le parapet de cette sape pût résister à
l'artillerie de la place agissant à couvert derrière des
remparts, et qu'on atteindrait faiblement.

Pour sentir l'importance des fortifications de Paris
et les conséquences morales d'une capitale fortifiée,
il faut se reporter à 1814 et 1815, et se rappeler que

Napoléon, en se jetant sur les derrières des alliés, pour soulever les provinces et rallier à lui les garnisons de quelques places fortes, espérait que Paris, mal fortifié, tiendrait cependant quelques jours et lui permettrait d'écraser ses ennemis sous les murs mêmes de la capitale. Mais Paris, à peine couvert au nord-est par quelques mauvais ouvrages de campagne inachevés, tint 48 heures à peine et se rendit. Il est juste de dire qu'il n'y avait pas 10,000 hommes de garde nationale et que les ouvriers seuls demandaient à combattre. Quinze jours de résistance, et les Cosaques n'eussent point campé aux Champs-Elysées !

L'enceinte continue, telle qu'elle est aujourd'hui, oblige à battre en brèche pour pénétrer dans la place ; et pour battre en brèche, l'ennemi est obligé, par des travaux qui lui coûtent du travail et du temps, de venir jusqu'à 5 ou 6 mètres de la crête du glacis, afin de découvrir assez le revêtement. Ajoutons à cela qu'au lieu de 10,000 gardes nationaux, comme en 1814, nous en aurions 200,000 qui défendraient ces remparts, sans compter les secours de la province qui nous arriveraient par les chemins de fer de l'Ouest.

Mais en avant de l'enceinte, Paris a une ceinture de forts qu'il n'est pas possible de franchir sans s'être rendu maître de l'un d'eux, ce qui exige un siége de 18 à 20 jours au moins.

Ces forts sont tous des carrés ou des pentagones bastionnés avec de bonnes casemates et des casernes à l'épreuve. En partant de la Marne à l'est, on trouve de la Marne au canal de l'Ourcq : le fort de Saint-Maur, défendant le passage de la Marne ; plus au nord, le fort de Nogent, battant la rive droite de la Marne et balayant les routes d'Allemagne, conjointement avec le fort précédent ; le fort de Rosny et celui de Noisy, défendant les abords des hauteurs qui dominent Paris à l'est, entre la route de Prusse et celle de Strasbourg ; enfin, le fort de Romainville bat la route de Prusse qui longe en partie le canal de l'Ourcq qui couvre le fort au nord.

En arrière de ces cinq forts, qui sont assez rapprochés les uns des autres pour croiser leurs feux, sur les terrains qui les sépare, on a Vincennes considérablement augmenté. Tous ces forts sont reliés en arrière par une route stratégique.

Du canal de l'Ourcq à la Seine, au delà de Saint-Denis, on a le fort d'Aubervilliers dans la plaine, situé entre les routes de Soissons et de Meaux qu'il défend. En arrière est le canal de Saint-Denis couvert par des ouvrages en terre. Enfin, Saint-Denis est défendu à l'est par le fort de l'est, au nord par la double couronne du nord et à l'ouest par la couronne de Briche appuyée à la Seine. Tout le terrain, en arrière de ces ouvrages, peut être inondé. La route de Calais est ainsi complétement interceptée.

De Saint-Denis à la plaine de Grenelle, la Seine couvre Paris et lui sert d'avant-fossé. De ce côté, on ne remarque que la forteresse du Mont-Valérien, qui domine la Seine, Puteaux, Surènes et la route de Saint-Germain ; elle peut contenir 4 à 5,000 hommes et renferme des magasins et des citernes de manière à se suffire longtemps à elle-même.

De la plaine de Grenelle à la Seine, sur la rive gauche, Paris est défendu par cinq forts qui sont répartis ainsi qu'il suit : les forts d'Ivry, de Vanvres et de Montrouge, de la Seine à la route d'Orléans qui passe au pied du glacis de ce dernier. Puis le fort de Bicêtre balayant la route de Fontainebleau et de Choisy-le-Roi ; ce village a un pont sur la Seine ; en dernier lieu, le fort d'Ivry entre cette dernière route et la Seine. Enfin, en avant du confluent de la Seine et de la Marne, et en avant du point de jonction des routes de Montereau et de Provins, on a élevé le fort de Charenton, beau pentagone avec casemates de toute beauté.

Cette ligne de forts qui rejette l'ennemi à une distance respectueuse de la capitale, offre bien des avantages parmi lesquels on peut citer les suivants :

1º De tenir l'assaillant longtemps éloigné de la place, et d'atténuer ainsi l'effet destructeur de ses projectiles ;

2º D'occuper les positions élevées d'où l'ennemi pourrait bombarder les faubourgs ;

3º D'éloigner le terme fatal de l'ouverture de la brèche au corps de place : événement qui frappe les défenseurs, agit sur leur imagination et éteint cette ardeur qui est de première nécessité dans les derniers moments d'un siége ;

4º De favoriser les sorties, en leur ménageant pour retraite tout le terrain compris entre l'enceinte et les forts.

Remarquons en passant que le développement de l'ennemi décidé à bloquer Paris, serait de 18 à 20 lieues, et qu'il lui serait impossible de fermer toutes les routes sans se disséminer et faciliter les retours offensifs de l'assiégé.

Terminons en disant que les fortifications de la capitale sont une garantie de l'indépendance de la France, par le respect qu'elles imposent à l'étranger ; qu'en les votant la France a compté sur le dévouement des enfants de Paris à les défendre, et qu'au moment du danger, le peuple généreux, entonnant encore la *Marseillaise*, s'élancera sur les remparts en s'écriant : Mourir pour la patrie !

FIN.

TABLE DES MATIÈRES.

PREMIÈRE PARTIE.

DEUXIÈME PARTIE.

Fortification permanente.

TROISIÈME PARTIE.

Attaque et défense des places.

FIN DE LA TABLE DES ARTICLES.

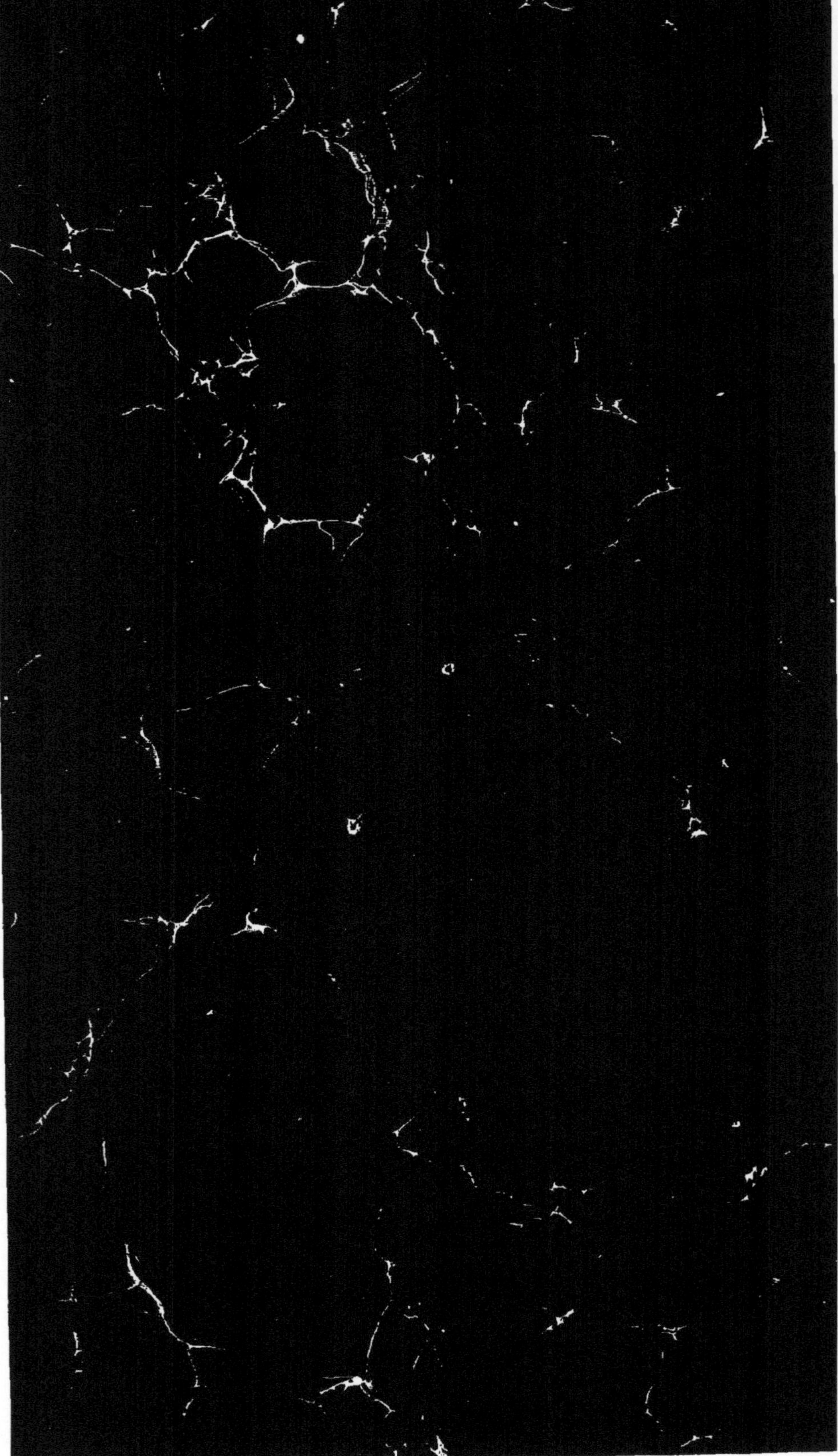

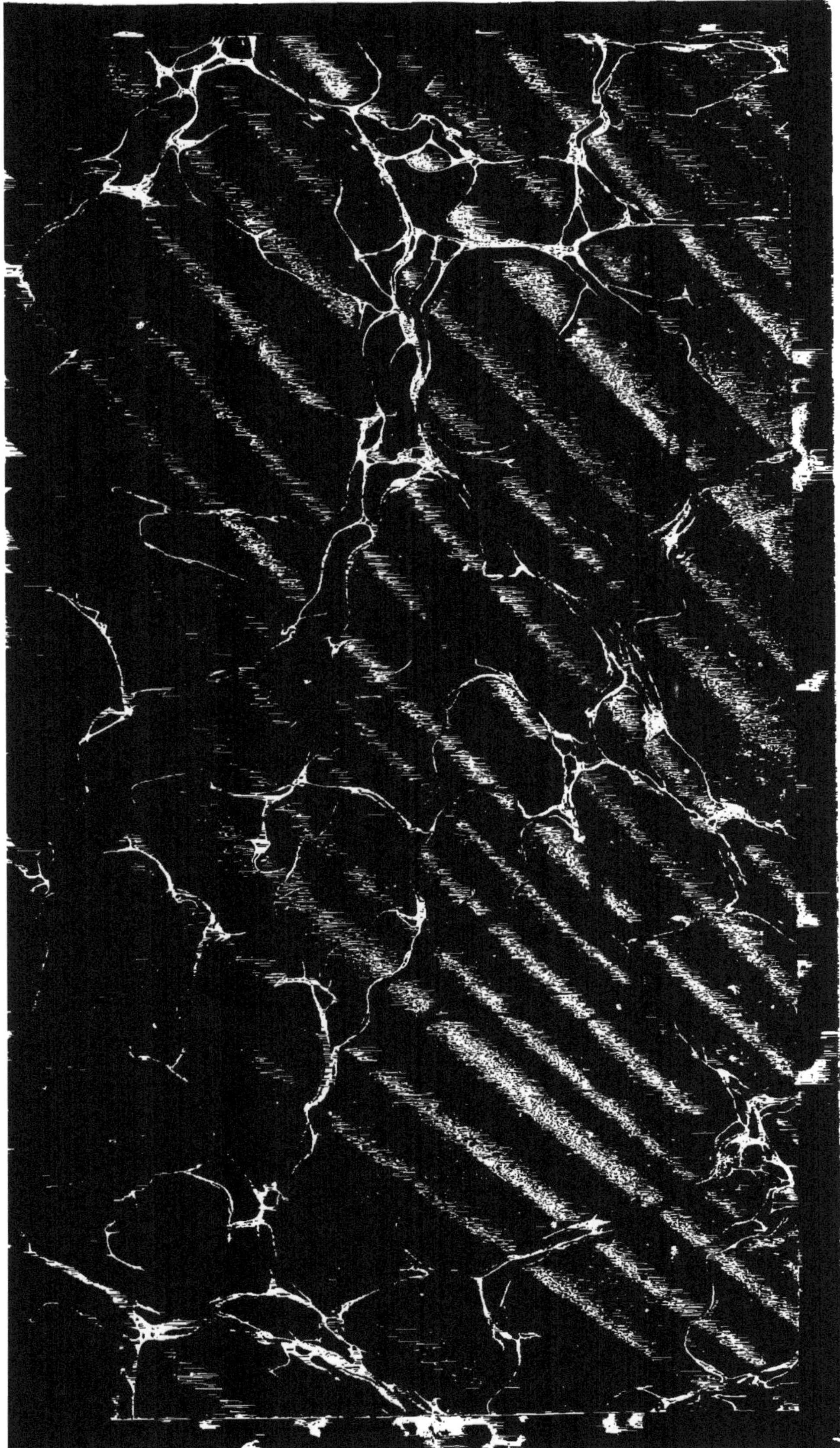

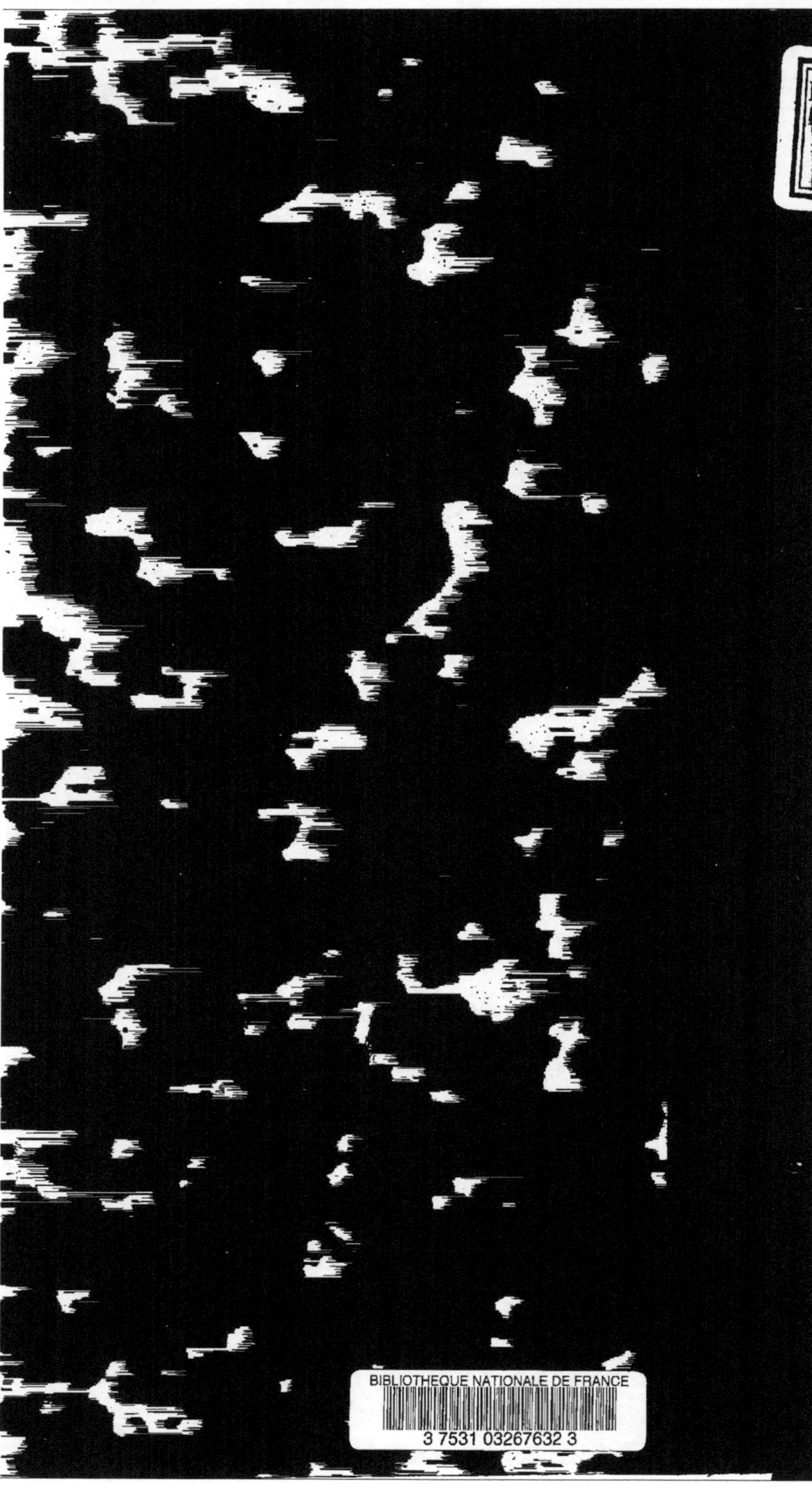